仪式感，

让我们活得更高级

陈渝 —— 著

Ceremony of life

台海出版社

图书在版编目(CIP)数据

仪式感,让我们活得更高级 / 陈渝著. — 北京:台海出版社,2018.5

ISBN 978-7-5168-1874-9

Ⅰ.①仪… Ⅱ.①陈… Ⅲ.①成功心理-通俗读物 Ⅳ.①B848.4-49

中国版本图书馆 CIP 数据核字(2018)第 089245号

仪式感,让我们活得更高级

著　　者:陈　渝	
责任编辑:员晓博　曹任云	
装帧设计:芒　果	版式设计:通联图文
责任校对:张　池	责任印制:蔡　旭

出版发行:台海出版社
地　　址:北京市东城区景山东街 20 号　邮政编码:100009
电　　话:010-64041652(发行,邮购)
传　　真:010-84045799(总编室)
网　　址:www.taimeng.org.cn/thcbs/default.htm
E – mail:thcbs@126.com

经　　销:全国各地新华书店
印　　刷:北京鑫瑞兴印刷有限公司

本书如有破损、缺页、装订错误,请与本社联系调换

开　　本:880mm×1230 mm	1/32
字　　数:160 千字	印　　张:7.5
版　　次:2018 年 7 月第 1 版	印　　次:2018 年 7 月第 1 次印刷
书　　号:ISBN 978-7-5168-1874-9	
定　　价:39.80元	

版权所有　翻印必究

前言

1

在圣-埃克苏佩里的《小王子》里,小王子驯养了一只等爱的狐狸。

小王子在驯养狐狸后的第二天又去看望它。

"你每天最好在相同的时间来。"狐狸说,"比如说,你下午4点钟来,那么从3点开始起,我就开始感到幸福,时间越临近,我就感到越幸福。到了4点的时候,我就会坐立不安,我就会发现幸福的代价。但是如果你不确定来的时间,我就不知道什么时候该准备好我的心情……应当有一定的仪式。"

"仪式是什么?"小王子问道。

"这也是经常被遗忘的事情。"狐狸说,"它就是使某一天与其他日子不同,使某一时刻与其他时刻不同。"

2

小王子和狐狸对于仪式感的理解让人感觉很是温暖。

仪式感是一个相当广泛的概念,我们在宗教学、人类学、心理学、社会行为学等各个领域都能看到它的身影。在爱情和生活中都能看到仪式感的存在。

许多人都很欣赏二十世纪三四十年代的中国女人，因为她们很会生活。林徽因、陆小曼这些名媛，她们做任何事情，不论读书、喝茶、沙龙，或是打麻将，都充满着仪式感的优雅。精致之余，又散发气场。

可是鲜少有人扭头看看自己在生活里的仪式感有多么匮乏。

仪式感对于生活的意义就在于，用庄重认真的态度去对待生活里看似无趣的事情，不管别人如何，认认真真地把事情做好，才能真正发现生活的乐趣。

比如，婚姻中的仪式感，想拥有也很简单。结婚纪念日定是要记得的，不一定要去五星级酒店吃大餐，自己动手做个拿手菜，换个餐盘或者换块餐布，就是一顿浪漫的烛光晚餐；若是来不及买礼物，送一个深深的吻也会让人久久难忘；彼此的生日，亲手做一个生日蛋糕，即使再不好看，都会令对方感动。

职场中更加需要仪式感，比如每天早晨到公司后先擦干净桌椅再倒杯水，整理当日日程，再开始一天的工作，就是我开始新一天工作的仪式感。

婚姻需要仪式感保鲜，职场需要仪式感敬业，人与人之间，更需要仪式感来唤醒我们对于内心的尊重。

比如说毕业典礼，散伙饭等充满纪念意义的瞬间，更普遍的，就是在餐桌上拿出手机拍一桌子菜，发到朋友圈。一个小小的举动,就好像在咖啡里加了一些糖。

当然仪式感更多体现在精神领域里,比如,不违背承诺、不出言不逊、不敷衍他人……

对生活的每个细节都严格自控,将一举一动都当作修行的人,内心一定有某种信念。

3

真正的仪式感不是矫情,是一种正能量的改变,让我们享受仪式感,享受生活的小美好,做一个高级的人,活得更有趣,在沉闷的命运之幕上投以希望的斑斓,在漫长的孤旅中泛以动人的星光。

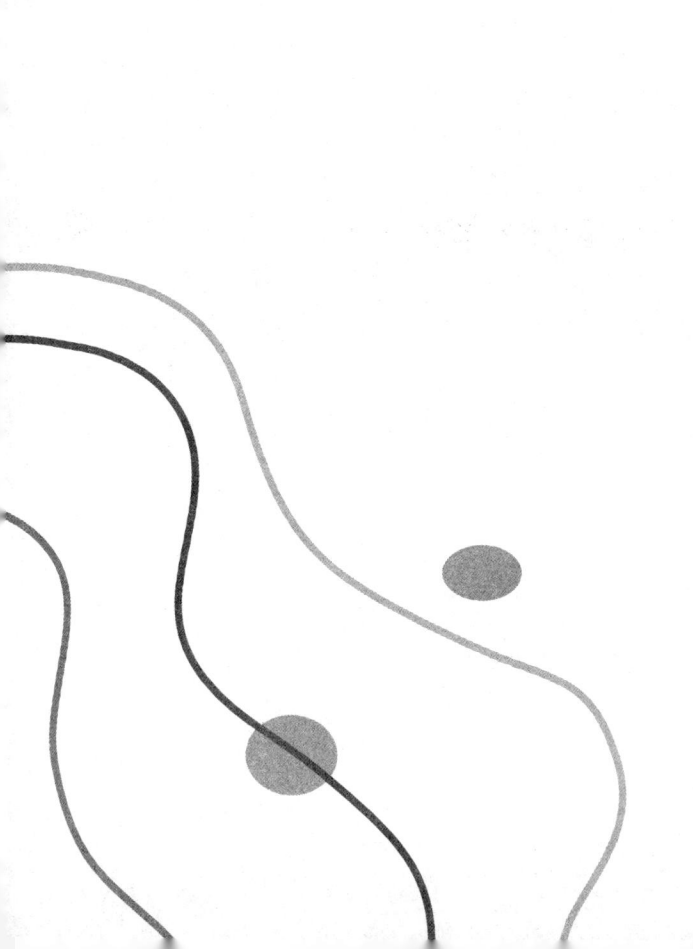

目录

第一辑　你好,仪式感 ·············· 1

　　《小王子》里说:"仪式感,就是使某一天与其他日子不同,使某一个时刻与其他时刻不同。"

　　我也一直相信,仪式感,足以让平凡的日子散发出光芒。

一个人的浪漫,是送给自己最温暖的礼物 ········ 2
即使是下楼倒垃圾,也要收拾出约会的颜值 ······· 7
你的身材里,藏着你的修养 ··············· 13
我过得很好,但好的生活真没那么贵 ·········· 19
忘不了的都叫梦想,哪怕是减掉10斤赘肉 ········ 25

第二辑　你是我的小确幸 ············· 31

　　很喜欢村上春树创造的一个词——"小确幸",是指微小而确实的幸福。每一枚"小确幸"的持续时间3秒钟到一天不等。当然,它不是凭空蒸发掉了,而是深入浸润了我们的生命。

在我看来,所谓的"小确幸",很大程度上就是对待生活的一种仪式感。

有人在偷偷爱着你 ················· 32
别让自己成为一只流泪的蜗牛 ············ 36
不要辜负了内心那个干净的自己 ············ 40
爱上一个认真的消遣 ················ 44
跳跳广场舞是多么美好的生活 ············ 48
没有爱的日子里,就享受自由的快乐 ········· 52

第三辑 让生活成为生活,而不是简单的生存 ······ 57

一个人好好享受周末暖阳里的下午茶;每周抽一天时间为自己做一顿饭,把家里打扫得干干净净,再在窗台上摆放一束鲜花……

仪式感,让生活成为生活,而不是简单的生存。

一碗米饭一块馍,皆是生活的颜色 ········· 58
一辈子不长,做个有趣的人 ············ 62
我是我最忠实的朋友 ················ 66
好好睡觉才是正经事 ················ 73
你无法甩掉不满意的世界,而只有世界能甩掉爱
逃避的你 ···················· 80

第四辑　给自己一个仪式,在每个值得纪念的瞬间 ………… 85

　　　　我们之所以需要婚礼、毕业旅行、散伙饭等仪式,就是需要仪式感来给自己的未来赋予新的意义,或者让自己和过去做一个正式的告别。

　　　　其实我们都知道明天早上醒来一切还是一样,只是我们需要一个似乎可以逼着自己做一些改变的时刻。

当初的梦想,你如今实现了吗? ………………………… 86
最大限度地减少生命中的平庸 ……………………… 90
任何时候只要你愿意,都能东山再起 ……………… 94
有一种美丽,叫作残缺 ………………………………… 100
生活其实很动人,只是我们被偏见蒙蔽了眼睛 … 105

第五辑　每一个仪式感的背后,都藏着一份爱的表达 ……… 111

　　　　对待那些爱过的人,每个人的方式尽管不同,但爱都是相同的。大家都在用自己的方式想念对方,用自己的最大努力,去拥抱那些想念的人。

　　　　每一个仪式感需求的背后,都藏着一份爱的表达。

暗恋,是青春最伟大的发明 …………………………… 112
请原谅在爱情中"逃跑"的那个人 ………………… 119
那都是很好很好的,可是我偏不喜欢 ……………… 125
在单身框出的自由领域里,认真地活着 …………… 131

你是我永远舍不得套路的人 ·················· 136
你所看到的美丽,未必就是幸福 ··············· 142

第六辑　唤醒内心的尊重 ···················· 147

　　婚姻需要仪式感保鲜,职场需要仪式感敬业,人与人之间,更需要仪式感来唤醒我们对于内心的尊重。

　　对生活的每个细节都严格自控,将一举一动都当作修行的人,内心一定有某种信念。

在不了解情况时,请亏待一下你的嘴 ··········· 148
给他人留余地,给自己攒人品 ················· 152
不要轻易揭别人的"老底儿" ·················· 156
顺口的承诺,只是一条会勒紧自己脖子的绳索 ··· 159
没有谁的人生不需要分享 ····················· 164
有多少自律,就有多少自由 ··················· 169

第七辑　幸福需要仪式感 ···················· 173

　　一个仪式可以区别今天与其他日子不一样,一个小小的仪式也会让你的心情不一样。

　　生活不只有诗和远方,还有生活的点滴和情怀。一个好的生活状态,源于你对日常生活的态度,要认真地过好每一个普通的日子,才能获得一份高幸福感的生活。

酒吧打烊时我就离开 …………………… 174
幸福的距离只有九十九步 ……………… 179
幸福刚刚好就好 ………………………… 183
任何不快乐的时光都是浪费 …………… 189
三个决定幸福的公式 …………………… 193

第八辑 有仪式感的人生，才能拥有更高级的美感 …… 199

仪式感对于生活的意义就在于，用庄重认真的态度去对待生活里看似无趣的事情，不管别人如何，认认真真地把事情做好，才能真真正正发现生活的乐趣。

希望，开在彼岸的曼珠沙华 ………………… 200
享受你迈出的每一步 ………………………… 205
健康需要仪式感 ……………………………… 211
你需要的不多，但想要的太多 ……………… 215
人生没有彩排，请在此刻尽情绽放 ………… 219

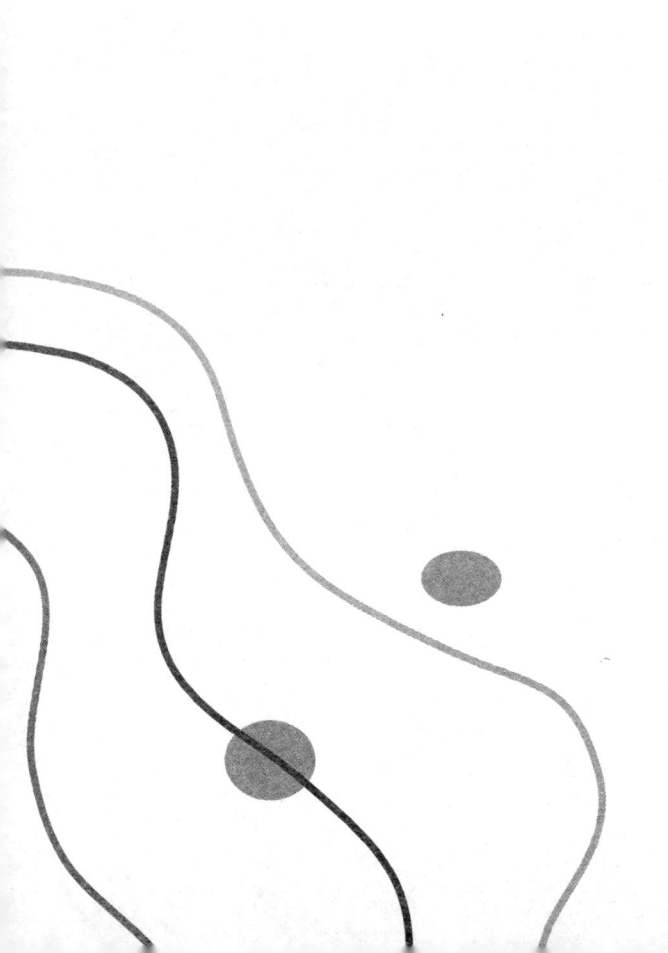

第一辑

你好，仪式感

《小王子》里说："仪式感，就是使某一天与其他日子不同，使某一个时刻与其他时刻不同。"

我也一直相信，仪式感，足以让平凡的日子散发出光芒。

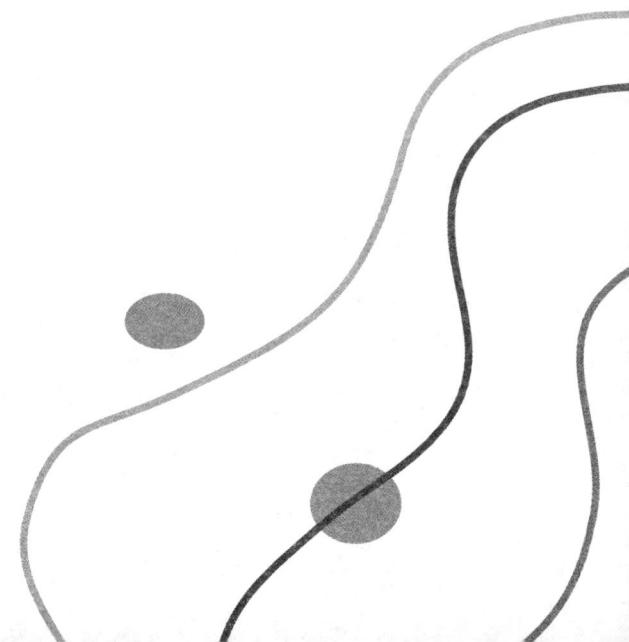

仪式感,
让我们活得更高级

一个人的浪漫,是送给自己最温暖的礼物

我们的生活平凡几近庸碌,我们的工作普通几近无闻,可就在这平凡与普通中,我们可以享受到许多可爱的小事,我们随时可以给自己奖赏。

请不要吝啬,尤其对自己,奋斗实属不易,多一点自我奖励。善待自己,关怀自己,就是对生命最好的奖赏。

1

很多年前,在我看《穿普拉达的女魔头》的时候,除了被那些琳琅满目的衣服吸引外,我也为可怜的姑娘打抱不平,为何这米兰达那么尖酸刻薄呢?安迪从菜鸟一步步进化到时尚达人,人家为你买咖啡接娃,做那么多事情,你怎么连个谢谢都不说,一句夸奖的话都没有呢?于是暗自发誓:等我有一天当了领导,我一定要好好鼓励这些孩子们,对他们每个微小的进步都进行奖励!

后来我真的当了领导后,才明白,所有"奖励"的管理方法——比如评选每周最佳员工或在公司简报中撰写某名员工的光辉事迹,全都弊大于利。奖励带来的副作用甚至比我以为的还要糟糕。旁观者不仅敌视被奖励的人,而且他们会开始讨厌那个

第一辑
你好,仪式感

提出奖励的人——比如我。

你可能会很委屈,你对我说,你宁肯不计报酬加班加点,只为了做好我吩咐的每一件事,因为这对我来说都是头等要紧的大事。每件事情你都处理得令我满意,甚至做得比我要求的还要好……

但是,我也推心置腹地告诉你,你不要总是渴望上司的褒奖之词。因为上司也有他们的难处,通常情况下,对一名员工的表扬不会得到其他所有同事的认同,这就是人性。

如果你觉得不公平,那么,我建议你,你还是学会给自己定目标,学会犒劳自己。

2

苏珊是我的一个作者,一次深夜聊天,聊着聊着,她就发了几张"奋斗"的图,她说:"我不容易啊,这么晚了还在给你写稿。"

我:"我又不是黄世仁,距离交稿期限还有一周呢。"

苏珊:"不行啊,我答应过自己,如果提前完成了稿子,我就要买下那件喜欢了很久的旗袍作为礼物。"

我:"你这是变相勒索我,要我给你加稿费的套路?"

她哈哈大笑,"谢谢你提醒我可以这么做。"但她接着认真地说:"讲真,这是我鼓励自己的一种办法啊。你也不想旗下的作者拖稿吧,而我督促自己努力的办法就是,如果我做好了一件事情,我就买个礼物给自己。"

仪式感，
让我们活得更高级

我说:"自己给自己买礼物啊？看上去有点可怜。"

苏珊说:"哪里可怜?这一屋子的礼物,都是我买给自己的。"我仔细一看她"奋斗"图的背景,果然,一室一厅的房间内,摆放着大大小小的咖啡杯、毛公仔和各种摆设。

我有点感动,但嘴上不服输,也不过是正常单身女人的家居摆设,装什么高大上说成礼物。

苏珊发了个"鄙视"的表情,并说道:"那玫瑰花的学名还叫'蔷薇科落叶灌木'呢!其实真的就是看你怎么叫、怎么想。比如,工作累了,我经常会学习一些美食的做法,你说是做饭,我说是好好地犒劳自己一顿,到了各种节日,如果没有和朋友相约出游,我就会去逛各种饰品店或者去商场购物,送给自己一份礼物,或是一份温馨的祝福。"

我不得不连发一串称赞的表情。

是啊,生活中,我们都习惯奖励别人:子女考了好成绩,奖励他们一件礼物;朋友取得了成功,带着礼物前去祝贺;父母身体检查结果良好,去饭店吃一顿庆祝一番……如果,没有人在节日里给你送上真诚的祝福,没有人在你取得成功时对你大加赞赏,这个时候,大多数人就开始怨天怨地,感叹命运苍凉、人情险恶,生生把自己逼进了抑郁或是矫情的角落里。

唯独,你没想到,自己取得了小成就时,可以送一份礼物奖赏自己啊!

第一辑
你好,仪式感

3

后来,苏珊交完稿子后,对我叙述了她的经历:

"小时候,帮母亲做了一点家务,她就会笑着奖给我一颗糖;读书时,每次考了高分,父亲也会拿出点奖品作为奖赏。那时候,经常会为了得到糖果、玩具而主动地做家务、努力学习。"

"大学毕业后,我所在的单位资不抵债,宣布破产了。有很长的一段时间,因为胆小,怕面试时用人单位拒绝自己而待在家里。几个月过去了,我无所事事,父母用微薄的工资养活我这个已成人的'小孩'。我对自己说:我要写作了。但是,我还是怕,怕被退稿,怕写不下去……有一天,我对自己说:如果今天能写一篇完整的文章,并且投稿,不管发不发,那么,我就给自己买下那条心仪已久的长裙。我做到了。我写的稿子,就是我的真实故事和心情。记得当时,我是用向母亲借的钱来完成对自己的承诺的。一个月后,我的那篇小说发表在了当地的报纸上。虽然稿费不够那条裙子钱,但这是我的开始。"

"所以,我从那时候起,我便不断地奖励自己。"

"送件礼物奖励自己"——这看上去很像微商的推广营销话术,但是,我要说的是,生活中有许多东西都可以作为奖品。礼物不需要多么值钱,有时只是一本好书、一部精彩的电影、一个闲暇放松的下午茶时间,甚至只是睡上一个懒觉那样简单。

重要的是,那是给自己一个肯定的信号、一份信心、一个继续努力的支点。

仪式感,
让我们活得更高级

当然,礼物也可以是昂贵的——比如,一次出国旅游、一个名贵的包……你想着,之前的你,定是舍不得花这笔钱买这么贵重的礼物的。你会觉得,这笔钱总还应该有更好的用途:付房贷,给父母养老,给孩子报才艺班……

可是现在,你不这么看了。你是应该节俭,但是不应该对自己太过吝啬,总该适当给自己一些嘉奖,犒劳辛苦工作的自己。

不过你依旧是舍不得拿工资去买这样的礼物,可你对礼物的渴望又是那么强烈,好像非要不可。于是你便利用周末的休息时间,挣这笔费用,每次累的时候,只要一想到是为自己心爱的礼物奋斗,疲惫就会不攻自破,取而代之的是心怀期待的愉悦。

在激励自己的同时,也给自己带来了一份快乐的心情。

4

当然有人反驳我:这种对礼物的执着只是三分钟热度,也许过不了多久,你或许就会渐渐褪去这份狂热,比如你现在很想要个吉他,买回来了也是落灰。

是的,我们多少会对曾经迷恋的东西慢慢失去兴趣,甚至后悔当时怎么脑子一热花了那么大一笔银子。不过,这应该是一种无法遏制的自然变化趋势。和爱情一样,和人性一样。不是吗?重要的是,你要相信,尽管你没法一直保持这份狂热,你还是可以将这种发自内心的热爱保持下去的。

第一辑
你好,仪式感

你知道,到时它带给你的不再是狂喜,而是暖暖的心安和平静。

奥斯卡金像奖华贵迷人,诺贝尔奖至高无上,能获此殊荣,自然是一种幸运,然而,这种巨奖,普天之下得到的又能有几人?

我们的生活平凡几近庸碌,我们的工作普通几近无闻。可就在这平凡与普通中,我们可以享受到许多可爱的小事,我们随时可以给自己奖赏。

请不要吝啬,尤其对自己,奋斗实属不易,多一点自我奖励,善待自己,关怀自己,就是对生命最好的奖赏。

即使是下楼倒垃圾,也要收拾出约会的颜值

如果你是一个每天出门能保持出镜妆容的人,那么,你身上一定有着乐观坚韧、独立自信,不妥协、不将就的特点。

你绝不委屈自己。你会花足心思把自己和自己的日子,都打扮得活色生香、有声有色。

仪式感,
让我们活得更高级

1

去拜访朋友小娴,开门,见到她穿着灰色的长裙加鲜红外套,还化了妆,一副要外出的样子。

我说:"怎么?要出去?今天不是约好了在家等我吗?"

她说:"没啊,就是在等你。"

我诧异地说:"等我?犯得着收拾得像约会的模样吗?不知道的人以为我们是那啥呢。"

她笑了起来:"就算你不来,我也是这样的,每天一定要把自己打扮得好看。"

我问:"给谁看?送快递的?物业的保安?"

小娴说:"不开玩笑,我是这样的。我不喜欢让自己邋里邋遢地出现在别人面前。在我看来,穿着整齐是对外界环境和人的一种尊重,最原始的一面始终应该属于自己。"

接着,她跟我说了一个故事。

2

小娴的一个客户叫季宁,不是那种特别耀眼的帅哥,但是很耐看,风度翩翩,暖男一枚,这样的男人最吸引傲娇的女孩。小娴被他吸引了,但这姑娘也是一枚套路高手,知道贸然出击只会有勇无谋,于是加了微信,每日发地理位置,配上局部图片,或是一只玉手拈着半杯红酒,或是一本摊开一半的书,或者是从我的朋

第一辑
你好,仪式感

友圈里"借用"一些忧伤矫情的情话。

这欲遮还掩的一招果然有效。某天,季宁和小娴在一个街心花园"相遇"了。谁都觉得季宁是按着地理位置找来的,因为半小时前小娴发了一张广场自拍美图,并配文:"那个白云是你,和你一样的美,我在这里。你在哪里?"

按理说这是两人拉近感情的大好机会吧!可是事实让人大跌眼镜,小娴那会儿是从家里出来遛狗的,她穿着史努比卡通图案的睡衣,头发毛毛地在脑后扎成一束。季宁的眉头微微皱起,微小的表情被小娴尽收眼底,她觉得很尴尬。而小娴那只脏兮兮的小狗正可怜巴巴地啃骨头,身上的毛都已经卷起来了,像穿着一件多年没有洗过的旧衣服,还往季宁身上扑。

只待了一会儿,季宁便称有事先走了。

他转身的那一幕,深深伤害了小娴。她觉得,原来,一个外表光鲜亮丽的自己,背地里有多么懒惰。一个漂亮女人背后真实的一面,被人赤裸裸地剥开了。

突然想起,当年看《流星花园》的时候,藤堂静对杉菜说:"任何时候都要打扮得漂漂亮亮的,因为你不知道什么时候会遇见他。"

那个时候,我还是说到打扮就想到坏女孩的青涩女孩,空有一颗爱美心,却没有把自己打扮得如同盛开的花朵,等待蝴蝶的到来。

此刻,听到小娴的故事,脑子里瞬间闪回那句话,如同任督二脉被打通。

对呀，我们不知道什么时候会遇见他啊。

你当然希望，是在一个高级的派对上，你优雅迷人，他风度翩翩地向你走来，与你共舞；或者是月光下的沙滩边，你身穿白色长裙黑发披肩，他手持玫瑰和香槟看着你；再或者是在碧蓝的游泳池边，你尽显优美身材，他炽热的目光时刻在你身上……

可事实却是这么残酷。

你可能是下楼倒垃圾，在垃圾桶前遇到他，就像陈坤和周迅的环保公益广告。不同的是，你不是一身黑裙惊艳众人的周美女，而是穿着拖鞋、套着妈妈毛衣、三天没洗头的邋遢姑娘。

你也可能是在超市里，在买冷冻猪肉的柜台前遇到他，昨夜的加班让你顶着两个老大的黑眼圈，模样随意得不像话，卖猪肉的高喊一声："大姐，你的里脊肉拿来称下！"

在任何一个预测不到的时间和地点，你们可能就相遇了。你可以在高大上的餐厅里遇到他，也可能是在楼下的水果摊上遇到他啊！如果那个时候的你蓬头垢面，那该有多尴尬？

毕竟我们都希望出场的时候惊艳四方。

所以，我们要把自己变成一个不收拾利落不出门的人。

3

我问："小娴，你这样不累么？"

小娴说："我一点都不累啊，画个眉，涂睫毛膏出门就像呼吸一样自然轻松。"

第一辑
你好,仪式感

她接着说:"当然了,我也不是天生就很勤快。更多的时候我也想,早上宁可再多睡十分钟,就不化妆了。反正,我每次出门都会洗头,穿昨晚就搭配好了的衣服,高跟鞋、口红、涂睫毛膏、画眉……可每每如此打扮的时候,我从来没遇到过需要精装打扮出现的场合,也没有需要穿正装去见的人,也没有遇到他!我今天就素颜,当睡衣穿的T恤外面套个外套,把头发一绑就去上班,任性一回怎么啦?"

但是问题来了。往往这个时候,不是重要的大客户来访,就是突然接到要参加商务聚餐的通知,或者被临时拉去开电影策划会,或者是路上碰到了动心的男生。

我另一朋友凉子说这是心理学上的"墨非定律"——越怕出事越会出事。会出错的事总会出错。你想偷懒时,总会遇到一些重要的人或要去一些重要的场合。

凉子,在上海工作,单身女白领,自己做设计工作室,租住一套月租3000元的一室一厅。因为房子小,凉子基本上很少在家做饭,对于她来说,一顿饭、喝一杯咖啡是充满仪式感的事情。她会根据餐厅的品类和环境穿着打扮一番,比如说在意大利餐厅,她会穿上西西里风情几何色块对比强烈的大摆裙,戴上大大的金属耳环,长发垂在一边的肩上;光顾日本料理时,她会穿上温雅浅淡的和式印花服饰,还有烟灰色的长筒丝袜和易穿脱的皮鞋,在鞋子内侧喷点止汗香氛,坐进榻榻米式的座位可是要脱鞋子的。

房子再小,她只要出卧室,就会收拾好自己,不会穿着丑丑

仪式感，
让我们活得更高级

的睡衣(她的居家服都很漂亮)在客厅里晃荡。谁知道有谁会来串门？快递小哥会不会来按门铃。只要出家门，必定打扮妥妥当当。就算从家里去工作室，自己开车只要十来分钟，电梯不到两分钟，到工作室也只是处理些文案，她都会打扮得很精神。

有一天，她如常打扮好，喷了点香水去工作室，一位新来的小姑娘在加班，看到她，说："凉子姐，你今天真好看，这香水味道像蔷薇。"

凉子说："是啊，所以我配了个蔷薇色的口红，我原本是打算选樱桃白的。"

小姑娘想了想，突然说："凉子姐，你知道吗，原本我心情很糟糕的，刚和男朋友吵架了。我觉得真委屈，但是，闻到你的香水味，看到你好看的样子，我心情好多了。"

你看，打扮好，就能给别人带来愉悦呢。

对了，凉子的客户超级信赖她，都说她那么好看，那么有精气神的打扮，让人很信赖，觉得是个干事情的人。

4

所以，姑娘啊，即使是有时候想偷懒，也请你涂个睫毛膏，画画眉毛，至于口红，可以随身带着两只冷暖色，看场合决定补哪只。

因为，即使是你没有遇见他，你也要记住走路时行人不止你一个啊。

第一辑
你好,仪式感

因为,你必须明白,这是个看脸的时代啊。

不要跟我理论这个时代的三观怎么了,毕竟我们自己也是外貌协会的啊。换个角度想,如果你发现你的男神私下里不仅秃顶,而且还有啤酒肚,穿着邋遢在街上买西瓜,你敢说你内心不会失望?

哦,最最重要的是,我发现,如果你是一个每天出门能保持出镜妆容的姑娘,那么,你身上一定有着乐观坚韧、独立自信,不妥协、不将就的特点。

你绝不会委屈自己,你会花足心思把自己和自己的日子,都打扮得活色生香、有声有色。

你的身材里,藏着你的修养

亲爱的姑娘,永远不要相信"你变胖了,变不好看了,爱你的人还会爱你"。你那么辛苦地变漂亮,一定不是为了讨他喜欢,而是你真心喜欢这种自律和优雅的生活方式。

1

很多人说女人要变漂亮是需要花钱的。但是,对于我来说,

仪式感，
让我们活得更高级

要变漂亮是等于要命的,这话一点不夸张。

很多人曾问我要餐单,我把这个月的作息罗列如下：

早上闹钟5点响一次,起来楼下院子里跑两圈,回来。

7点多,一个水煮蛋,一杯黑咖啡,一碗牛奶燕麦粥。

9点准时上班。

10点半,吃一个橙子或者苹果。

12点半,一两米饭加点蔬菜鱼肉。有时候自带,有时候叫一份外卖,拨三分之一。

下午3点,两块苏打饼干,一杯黑咖啡。

6点下班,买一点串吃,或者沿途在地铁上啃个苹果。

6点半到9点,基本上就休想看到我,我都是在外面锻炼,锻炼！锻炼回来只喝水或者红茶！

很多人看了吓得不轻,问我:干吗这样对自己？

我狠狠地回答:执念！

2

我来告诉你,什么是执念！

执念,就是别人可以说一堆鸡汤,劝慰你不要在乎,但是你内心知道,除非解决掉,否则永远无法跨过去的那个门槛。

没错,我就是有个执念:这辈子,即使到了60岁,我还要在夏天穿白衬衣,牛仔短裤,扎麻花辫,骑自行车。

我其实很爱美食的好不好？虽然不说我厨艺有多高,但是辣

第一辑
你好,仪式感

子鸡丁、咖喱牛肉、鲫鱼豆腐、虾仁滑蛋、蘑菇青菜,各种鱼……这些都是我爱做爱吃的菜啊,想要吃?可以,周末去买去做,拖上一帮好友,看他们大快朵颐,然后我慢慢地每样夹几筷子,说:"你们多吃点,我尝了。"

我尝一下哪够啊?我巴不得吃个盘子朝天好不好!可是我必须这样。

我也会用烤箱做蛋糕、做饼干,做好了拿出去送光光,自己留一块吃吃。过年回家,总逃不脱各种美味的家乡小吃吧?父母左一筷子右一筷子夹到碗里。"你又不胖""胖一点有什么关系",我吃,吃的代价是,顶着寒风,出门必然是步行。

你永远没法想象,我是怎么样饿着肚子,在空中优雅地旋转飞舞,在瑜伽垫子上汗如雨下,在每一个夜晚饿得想死的时候,换上束身形体衣,喝杯红茶,坐下来,继续埋头写稿子。

想要瘦想要美,想要对得起我美丽的灵魂,我不吃苦谁吃苦?我不受罪谁受罪?

3

可人是我见过的减肥最有毅力的姑娘。俗话说的"喝凉水都发胖"说的就是她这种人。这姑娘在青春期的时候,突然猛增了20斤,原本清秀的五官惨不忍睹,一次学校举行足球比赛,可人站在操场上看,看了一会儿感觉有点热,走到树荫下,两个男生背对着她喝水,她听到了他们的对话。

仪式感，
让我们活得更高级

甲："你小子这守的是什么门！"

乙："赖我？你传的什么臭脚？"

甲："要是你再守不住门，让罗可人亲你一下！"

可人内心一万头那什么马呼啸而过，那时候，她16岁，一米六，135斤。

现在，可人36岁，103斤。

后来，她跟很多工作后认识的朋友说起过，她们都不相信，说哪有那么夸张的，你现在一点都不胖，当年还能胖到什么程度？

她对我说："假如你不曾胖过，你不会懂一个胖子的自卑啊！"

25岁那年可人110斤，按照标准，可以划到"微胖"级别，但是这姑娘还在努力减肥。人家中午是吃饭，她呢，是喂猫。那时候，可人就拿个咖啡杯的托盘，弄一点米饭一点菜。并且吃减肥药！那时候她也是"神农尝百草"了！各种减肥药都吃。终于有一天，她走出办公室的时候眼前发黑，直接瘫在地上，吓得同事们喊来她的男朋友。

男朋友非常生气，说你再减肥就分手，可人也是急眼了，直接拿了一瓶可乐浇在他的面条里，"你懂什么啊，你胖过吗？"

后来可人真的换男朋友了。她说：新的他也许没有多好，但他会设身处地理解我的执着并支持我，在我饿肚子的时候给我做沙律，而不是告诉我"我又不嫌弃你胖"，我减肥不是为了你嫌弃不嫌弃，而是为了我的心好不好？

是啊，我只是为了我的心。我的心，就是我的执念。

第一辑
你好,仪式感

每个人都有执念,真实勇敢面对就好。

再说,执念白衬衣牛仔裤,总比执念一段不可能的感情要好。因为,它是可以实现的。

4

朋友圈上有一句话:看一个人的身材,就大概知道他的修养。此话初听起来似觉有些玄乎,但细想一下,一个人的身材与修养之间,的确存在着一定的关联。

仔细观察一下就知道,生活中很难见到一位聪慧伶俐或优雅高贵的女性身材是肥胖的。

我的一位女友,从30岁开始每天坚持锻炼,工作、出差、旅行、身处任何地方都会抽出锻炼的时间。12年后的她不论颜值还是身材都停留在30岁,很多人大概都认为,她一定很有钱。可35岁的时候,一场大病让她失业,也失去了生育能力。在婆婆的压力下,她离婚了。她没钱去健身房,她的锻炼就是爬楼梯、跳绳、夜跑、打羽毛球、踢毽子、转呼啦圈等。

女友说运动的过程就是锻炼毅力的过程,大汗淋漓之后产生的愉悦感,甚至比瘦身更重要,这一切已经在让你变得好看了。有了这毅力,即使摆地摊也饿不死人啊。

她从摆摊到开了个小书店,40多岁的她,头发有点白了,但不去染,气定神闲,容色干净,照料着姿态古雅的盆景,将桃花枝和白梅养在清水中。她说她还想再恋爱一次,等他出现的时候,就和他一起,喝茶,看花。

　　能控制住自己的体重,你就能控制住自己的生活,就能找到时间去发现最纯真美好的梦想。

　　记得以前有记者采访舞蹈家邓肯,问:"你最爱吃的是什么?"邓肯说:"巧克力口味的冰激凌啊。"记者感到难以置信,这样高热量的食物,不是舞蹈演员的超级杀手吗?记者又问:"那你多久吃一次?"邓肯微微一笑:"上一次吃大概是在二十年前吧。"

　　你看,但凡是好身材的人,不要只见她的人前风光,要看她操持自己身体的那份辛劳,几十年如一日地精选饮食、按时运动、按时入睡,不多吃半碗饭、一块肉、一块糖,不该吃的食品一口不碰……这样的身材,显示了卓越的自我修养。

　　所以,我经常对一些男人说,如果你的女人长得美,身材好,你一定要对她好一点,因为,你不会知道,她在遇到你之前,吃了多少苦头。

　　我也经常对一些女人说,没有人因为灵魂被爱,即使你再内涵丰富,若没有标配的外在气质,那就不要怪这个世界对你残忍。即使有个把例外,你过得了男人关,你也永远过不了自己内心的关。

5

　　永远不要抱怨生活亏欠了自己,一直都是自己努力的不够,甚至连身材和颜值都被忽略。

第一辑
你好，仪式感

永远不要相信"你变胖了，变不好看了，爱你的人还会爱你"。

亲爱的姑娘，你那么辛苦地变漂亮，一定不是为了讨他喜欢，而是你真心喜欢这种自律和优雅的生活方式。

更重要的是，你的自律，你的毅力，你的坚持，你的努力，都会在无形中，给你的灵魂加分。

你会对那个更好的自己刮目相看。

我过得很好，但好的生活真没那么贵

我希望我的朋友们不至于揣测我的吃穿用度，知道我不浪费也不奢侈就好，我希望我自己表里如一的干净整洁质朴，而非奢华闪耀。我希望朋友们明白，我过得很好，但好生活真的没那么贵。

1

有一天，我在朋友圈炫耀了一下，发了张素颜图，配文：卸妆以后我都不用美颜。原本也是小小自恋，立刻有人问："你用的什么牌子的化妆品？"

仪式感，
让我们活得更高级

我想一想回答她，没有牌子，朋友从日本带给我的一个。她说："是不是最近流行的脐带血面膜，据说是日本顶级货，我也想买，就是太贵了，你有朋友在日本，能帮我带个吗？"

脐带血面膜是什么？听名字就够恐怖了。

不一会又有人留言：你光保养外面不行，还得保养内部。紧接着给我发了个链接，点开一看，是一款保健品，那人说："别嫌贵，女人嘛，脸才重要。"

在我打算将这人设置取关前，看到她更新朋友圈：有人说我刚生完娃就出来工作，累吗？我说，我要继续挺起笔直的腰杆，画漂亮的口红，抱起可爱的娃，精彩地生活！"乍一看蛮励志的，接着来了句："因为我不想手心向上问男人要零花钱，我不想和姐妹出来吃个饭都要看婆婆脸色，我不想穿淘宝货上街，我要活得由内而外的精致！"

算了，我还是把她取关了吧。

穿淘宝货上街，难道是罪大恶极么？要活得精致当然没错，可是，好的生活，真的没有那么贵。

2

我们看重一些东西，经常是因为得到它们花了很多钱，而不是因为它们带给你满足和快乐。我们用价格标签或品牌名称来鉴别某物，却忘记了关注它是否真的能让你开心。

苏珊说："明知道一个DIOR的包包等于几个月的工资，还是

第一辑
你好,仪式感

要买。为什么?为面子!在一群被名牌武装起来的同事中间,如果你穿得普通,感觉很怪。"苏珊在上海的一家外企工作,兰蔻的口红、SK-II的面膜、CHANEL的香水、TIFANY的饰品、PORTS的套装、DIOR的包包……公司俨然成了秀场。来自香港、台湾的同事,对名牌货更是青睐有加。穿名牌不是新闻,不穿名牌才稀奇。有条件要买,没有条件创造条件也要买。

什么是"名牌货"?就是用买十头牛的钱,买到不用半张牛皮就可以制成的皮包。而对于很多女人来说,拥有这些东西的秘诀就是省吃俭用很久,然后为购置一件带有奢侈标志的东西而刷光卡里的钱。

当然,每个女人爱名牌的原因都不一样,有的人,喜欢名牌,而且酷爱一个牌子到了"非君不买"的地步,这样的人骨子里常常是非常追求完美的。仔细观察她们的生活,你会发现,她们其实活得挺累,因为她们内心容不得半点瑕疵或者遗憾。

还有的人,绞尽脑汁、千方百计地堆砌名牌,直到周遭的人全都开始关注她们的表演。

说到底,其实她们的名牌是拿来喂养别人的眼睛的。

自我评价低的人,无论怎么装饰自己,也很难产生"名牌效应"。

服饰的流行是没有尽头的,永远都有无数的服装设计师在年复一年地制造着新的时尚,拥有一件价值连城的物件,固然是幸运之事,若这件身外之物给心灵带来负担,给生活制造了重重麻烦,真的不如不要。

仪式感，
让我们活得更高级

3

小美是个前卫的漫画师，穿衣服一直不讲风格，只讲喜欢，因而看到喜欢的就买。衣柜里衣服很多，每年都会有新的来，旧的去。但总有几件多年来穿得最多穿破了也舍不得丢掉的衣服，哪怕自己动手打几个补丁，也舍不得扔掉。

舍不得丢掉，是因为喜欢它。独一无二的样子，第一眼看到它时的兴奋，还有买回家时的喜悦，每次看到它们，最初拥有它们时的喜悦感就会重现。

有两件是经常穿的，也是最喜欢的。到现在已经八年多了。小美在穿衣服方面是个喜新厌旧的人，但这两件越穿越喜欢，居然再也找不到比这两件更舒服、更好看的衣服了。因为洗的次数过多，有些地方轻轻一扯，就破了……只好补了又补，现在每次穿的时候，都是小心翼翼地套上，生怕再扯破了。

对衣服的珍惜发自内心，只因为真的喜欢。

人生，很多时候只有失去了一些东西或许才会珍惜现在拥有的，就如你扔掉一些不穿的衣服你才会对留下的衣服更加珍惜一样，而幸福的人不会为了幸福去追求自己没有、别人拥有的东西，恰恰相反，他们以自己已经拥有的方为幸福。

4

从古至今，似乎生活质量的好坏直接与富贵或贫穷挂钩：如

第一辑
你好，仪式感

果你很富裕，那么在众人眼里，你的生活质量肯定就很高，反之，在所有人眼中，你就是一个不幸的人，你的生活到处都需要别人同情。

十年前的我，第一次来到北京，杂志圈的朋友来接我，三个人便一起去东直门吃火锅，还没有吃饱，就已经消费了五百多块钱。我心中的那个郁闷啊，真的无以名状。当时就一个感觉，就觉得只要有钱，这生活才叫生活。

后来我工作还不错，被压抑的购物欲就爆发了。又因为我这人从小没人管，什么事都自己决定，所以我买这个买那个，尽量让自己看上去很像那么回事情，曾经在早上5点多跑去动物园批发了两箱子衣服，司机说："这么早做生意好辛苦啊！"我说："我自己穿的……"司机差点晕倒。

仔细想想，这一切其实也都不过分，对于女生来说，我过的生活谈不上很富裕，但是在自力更生的基础上相对宽裕。我很喜欢享受，希望自己过得舒服，但谈不上奢侈。我要这个要那个，觉得人生之中必须拥有的事物很多，舒服的房子、床，漂亮的衣服，舒服的椅子……衣服多了让人难以忍受？没关系，不是有压缩气泵吗？压压压，再买买买。

就这样，一边是越来越满的衣柜，一边是压抑不住的购买欲望。不论衣服再多，我的购物行为永远在继续。

后来，我渐渐地知道，没有什么是可以真正"拥有"的。一切都只是"经历"。买一样东西，因为它在某个时间满足了某种需求，时间过了，需求满足，那就挥手道别。这样东西的价值也

仪式感，
让我们活得更高级

就够了。

而那些每天放在房间里面朝夕相处的东西，几乎是可以相伴一生的物件。

对于还在租房的我来说，真正能相伴一生的东西非常非常少。

同样，我也渐渐减少了很多没有实际意义的交际，为的是减少"人情债"——免得浪费时间和金钱。许多虚伪的应酬，实际是谋杀生命的；比如，十年以后的我，吃一顿火锅，大概需要不到两百块钱，邀上三五个同伴一起去买想吃的菜及火锅汤料，回去一起洗、切、煮，舒服而且干净、愉快。

5

我并非想说，当我们需要鞋子时不能买新鞋，或者一次次地用物质犒劳自己是不对的。我的意思是，快乐的关键在于你要更深地了解，在当下，什么是对你真正重要的东西。

具体回想一个你迫切地想要获得某物的那段时间。想到那件物品时，你会有一种强烈的兴奋感；没得到它时，你几乎痛不欲生；一旦得到了，你马上感到满足和愉悦。但你要知道，你不是因为得到它而愉悦，而是因摆脱了欲望的痛苦而愉悦。当可怕的痛苦终结，怎么会没有强烈的愉悦呢？

愉悦，其实来自摆脱痛苦后的感激，而不是因为东西本身。

《富兰克林传》介绍，主人公常年非常节俭，他是一个质朴勤

> 第一辑
> 你好，仪式感

劳的商人，他希望他的外表看上去也是一样。

对我来说也是一样，我希望我的物质生活，以及我的外表可以代表我所生活的状态，代表我的精神世界，代表我目前的收入水平。

我希望我的朋友们不至于揣测我的吃穿用度，知道我不浪费也不奢侈就好，我希望我自己表里如一的干净整洁质朴，而非奢华闪耀。我希望朋友们明白，我过得很好，但好生活真的没那么贵。

忘不了的都叫梦想，哪怕是减掉10斤赘肉

我虽然不能肯定地说梦想能让人吃饱穿暖、衣食无忧，事实上它甚至会让你忍冻挨饿，面对现实生活中更多的艰难困苦，但是我可以肯定的是梦想能够让你每天不再浑浑噩噩，让你的生活每天都充满活力，能够带你到一个更不一样更广阔的地方，它能够给你带来更多的幸福感。

1

很多年纪和我相仿的人告诉我，爱谈梦想是种病。

"你别误导小朋友了，比如中国有创立万科的王石，美国有

仪式感，
让我们活得更高级

创立苹果的乔布斯，日本有著名建筑大师安藤忠雄……这样的例子我也会说，但那都只是别人而不是我们。"

"你跟我谈什么梦想？你没有孩子拖累，去哪里都是说走就走。我们这些20多岁就有了孩子，整天被孩子牵绊，以及被生活中烦琐冗杂的小事所纠缠的妈妈，梦想就是不上班！"

……

我发现，很多人一提到梦想，就觉得一定要做出什么丰功伟绩或者成为万众瞩目的焦点人物，才可以称作梦想，所以很多人都觉得迷茫困惑。

好吧，我纠正一下。

梦想不一定要多么伟大啊。

那个你一想起来就激动得睡不着的事儿，就是你的梦想。

2

朋友小舞给我打电话，问我能不能帮她租一个北京的房子，她报过来一个地址和价位。我一看，说："租房没问题，可那里既不是繁华地带，也不是商业中心，谁要租？"

小舞说："我啊，我打算去那里的一所芭蕾舞蹈学院进修考级，先托你把房子租好。"

"你？芭蕾？"我大吃一惊。"可是你已经38岁了……"还有一句话我没说出口，小舞大大咧咧，风风火火，酒到杯干，怎么能把她和芭蕾联想到一起？之前也有看她的朋友圈，知道她一直在学

第一辑
你好,仪式感

舞蹈,我以为她只是为了健身,所以练练肚皮舞或者是瑜伽什么的,没想到她居然认真地要学芭蕾。

"这年头艺校毕业的孩子都找不到好工作。"我劝说,"学那干吗?不要到时候我给你租了你又不来。"

小舞说:"我又不是为了找工作,这是我童年的梦想。"

原来,小舞年少的时候,曾经被学校选中,送去当地的少年宫学习芭蕾舞,参加《天鹅湖》的演出,80年代的兴趣班是很严格的,小舞为了跳领舞练习得十分刻苦努力。那时候老师同学都说她是棵好苗子,而她的梦想也是成为一名芭蕾舞演员。

但结果是,舞衣都定制好了,头纱也买好了。距离演出只剩一星期,小舞在街上被一辆电动三轮撞了,左腿粉碎性骨折,在医院里打石膏躺了三个月。

小舞看着那个原本跳B角的女孩代替了她的角色,记忆里的最后一个片断是《天鹅之死》里那个凄婉的收场动作,双臂摆合,愈伏愈低,渐渐合拢羽毛,安静地离去。

她说:"我没有那么多伤感,我还小,只是,一直忘不了那个梦想。"

忘不了的,都叫梦想。那是想起来就激动得睡不着觉的事儿啊。

仪式感,
让我们活得更高级

3

一个人可以清贫、困顿、低微,但是不可以没有梦想。只要梦想存在一天,我们努力追求梦想,就可以改变自己的处境。

"养一只宠物,希望它可以陪我到老。"很多单身的女人,会有这样的想法。

养只宠物是很容易的,但是要让它陪伴自己走过几十年的岁月,还是需要下一定功夫的。和它们相处的这段时间里,为了它们的健康,为了这个温暖的陪伴,你做出的努力,难道不也是在实现你的梦想么?至少在领导对着你发火的时候,你会想,如果摔门走人,明天买狗粮的钱在哪里?

所以,你看,梦想不一定多么远大。

它是一个人内心真正的热爱,也是一个人愿意为其吃苦受累却仍然感觉幸福快乐的追求,是使得一个人每一天朝气蓬勃的内在动力。

乔布斯在斯坦福大学的毕业典礼上的演讲有这样一段话:

"有时候,生活会用板砖砸你的头。一定不要失去信仰。我知道,唯一支撑我前进的东西就是:我爱我所做的事。你必须找到你所爱的东西。这句话不仅适用于你的工作,同样也适用于你的恋爱。"

"你的工作将构成你生活的大部分,而唯一能让你真正从工作中得到满足的办法就是爱你所做的事。假如你还没有找到它,继续找吧,不要停下脚步。同所有与心灵相关的东西一样,当你

> 第一辑
> 你好,仪式感

找到它时,你会知道的。而且就像那些美好的爱情一样,它会随着岁月的增长而越加醇美。"

是的,如果不是爱你所做的事,你如何能一日又一日地投入自我的心力与时间?

就像如果不是因为爱这个人才与其结合,那如何对抗婚姻中的琐碎、压力以及漫长岁月所带来的疲惫?

4

村上春树在《当我谈跑步时,我谈些什么》中说:"突然有一天,我出于喜欢开始写小说,又有一天,我出于喜欢开始在马路上跑步。不拘什么,按照喜欢的方式做喜欢的事,我就是这样生活的。"

"无论何等意志坚强的人,何等争强好胜的人,不喜欢的事情终究做不到持之以恒。"无疑,村上君很热爱写作和跑步,也许跑得更远,写得更好是他的梦想。

如果你能长期坚持去做一件事,一定是这件事带给你的丰盈感和满足感超过了你所有的付出,一定是这件事日日夜夜萦绕在你的心头让你欲罢不能,一定是这件事唤起了你内心深处最强烈的兴趣。

而这件事儿,就是你的梦想。

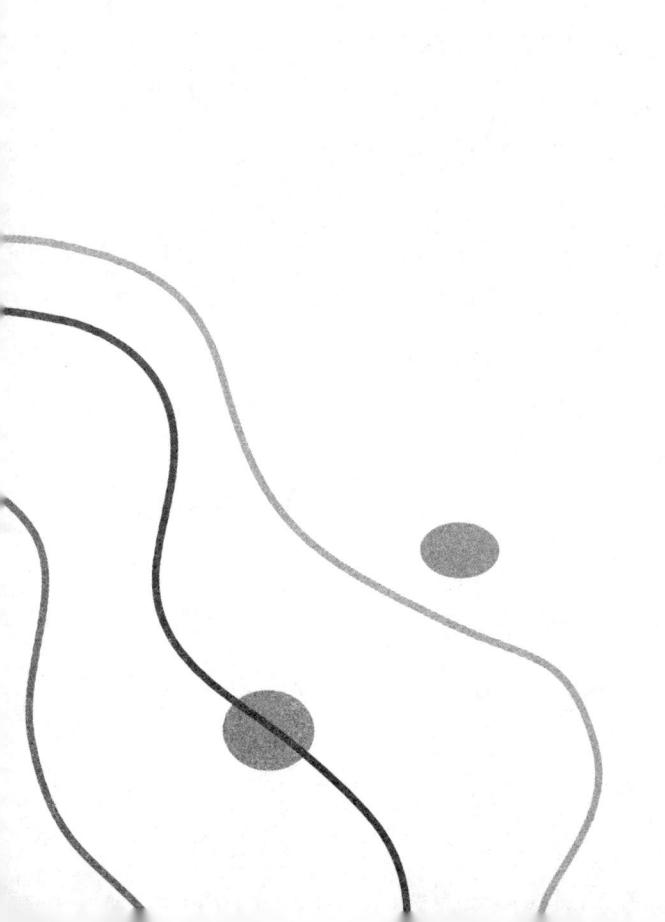

第二辑

你是我的小确幸

很喜欢村上春树创造的一个词——"小确幸",是指微小而确实的幸福。每一枚"小确幸"的持续时间3秒钟到一整天不等。

小确幸是怎样一种感觉呢?用四个字形容吧,"心生欢喜"。

描述得复杂一点,它有一股子甜柔、丰饶、温暖的感觉,好像有只看不见的神秘之手把一勺充满花香的蜂蜜洒在心头,可以清晰地感受到它流淌、漫溢、消失。

每一枚"小确幸"持续的时间有3秒钟~3分钟不等。当然,它不是凭空蒸发掉了,而是深入浸润了我们的生命。

在我看来,所谓的"小确幸",很大程度上就是对待生活的一种仪式感,用一贯认真有趣的态度对待生活里看似无趣的小事,体悟到生活本质中小小的不易被发掘的乐趣。

仪式感，
让我们活得更高级

有人在偷偷爱着你

当停下来闭上眼睛回忆往事时，我们会发现其实我们真正的理想就是让自己变成世上最幸福的人。而真正的快乐其实就来源于生活的点点滴滴。比如接到许久不曾见面的朋友的一个电话，那一刻感到无比幸福，因为在某一刻，某一点上，正有一个人想起我们……

1

世上没有一种感情是天生恒久的，命运的交割总有它自身的排场。

你要往东去，风便顺着东吹，你在那里生根了，发芽了，成长为一棵大树。

我要往西走，路就沿着西面伸延，云淡云轻，雨急雨缓，都有它的缘由。

世间人交叠往来，走南闯北都有一个注定、一个指引，感情的冷落升温也是一个自然结果。只是不能忽视的是，岁月的更迭让感情这条线越拉越细了，细到卑微。

真诚是可以传染的，虚伪也是一样。

第二辑
你是我的小确幸

现在的网络固然是很发达,然而,当你偶然想起自己的老朋友,习惯性地打开空间,然后看到上面的显示:"抱歉,该空间仅对主人指定的人开放",或者"你没有访问权限"的时候,一切感情又归于淡然了。

然而,有些好友只是在逢年过节的时候才会发个群发的"祝福"。

2

事实是,我们都太累了,可以前的我们绝不是这样的。

很久很久以前,哪怕是天天见面,你我对视而笑,嘘寒问暖,不觉得有多么尴尬,不觉得有一丝顾虑。

你一定也曾怀念吧?像我怀念你和过去的岁月一样。

怀念那种心灵触碰的感觉,怀念那种用眼神交流,用沉默倾诉的默契,怀念那种涉世未深,狂放不羁的傲劲憨劲。

可那都是很久以前的事了。

如今我联系你都不知该说些什么,而你沉默着。有时传递着略显尴尬的客气套语,都是我们以前不会的。

是你变了吗?不是。

是我变了吗?不是。

只是,生活的雕刻让我们都变了吧。生活如刀,把我们雕刻成它想要的样子,我们都承受下来了,遍体鳞伤。那么,谁还会心思细腻地去想你和我哪一个会先忘了彼此呢?

仪式感，
让我们活得更高级

也许，我们必然善忘，有太多事情不能自已。缘分这条线也在繁复的生活中消隐了，感情的丰盈被剥夺了，连我们给自己的那点时间都要吝啬，我们喘息都要躲在墙缝里。

3

直到那一天，我在知乎上看到一个帖子：
"有没有哪个瞬间，你觉得自己是真心被爱着的？"
她说，跟男朋友异国吵架，吵得非常凶的时候，他忽然来了一句，别说话，抱抱好吗？
他说，初中家里没有电脑，跟爸爸说想看《暮光之城》，爸爸跑去网吧专门把四部都下载了，那时候网速特别慢，爸爸下了一个星期。
她说，来北京打工的第一年，买了挂面，天天吃挂面，在老家的闺蜜听说了，给我打过来2000元，让我吃好。那时她一个月才赚1200元。
他说，临时接了个电话，在书房里聊了两个小时，开门的时候，儿子用手捂着桌子上一碗冷了的方便面。
忽然，我才明白，原来，你一直在我身边啊。
忽然，我才明白，原来，我们疏漏了的曾经的友人，我们习惯了的亲密的爱人，我们忽略了的家人……一直在身边默默地、诚挚地、长久地陪伴着，用最深厚的情谊记挂着彼此。
你说，日子一天天过，窗外，在建的写字楼又升高了五层，它

第二辑
你是我的小确幸

们都在看着你忙碌。你半夜回来,不忘给还在学习的孩子带点夜宵,给我带点水果。

我说,谁说生活是无趣的呢?尽管它有时让我们如此的疲惫。

你说,好了,回来就好。放下工作的压力,忘记要应付的客户。

我说,喝杯水休息一下吧。

你说,别说话,抱抱好吗?

我问,有没有哪个瞬间,你觉得自己是真心被爱着的?

你说,一直。

4

无论你是开心也好,难过也好,无论你光鲜亮丽也好,消沉黯淡也好。

我,能给予你最温暖的两个字是"我懂"。

你,能给予我最温暖的两个字是"我在"。

当停下来闭上眼睛回忆往事时,我们会发现其实我们真正的理想就是让自己变成世上最幸福的人。而真正的快乐其实就来源于生活的点点滴滴。比如接到许久不曾见面的朋友的一个电话,那一刻感到无比幸福,因为在某一刻,某一点上,正有一个人想起我们……

仪式感，
让我们活得更高级

别让自己成为一只流泪的蜗牛

给自己留一点时间，从没完没了的生活里探出头，静静体味生活的滋味，倾听内心声音在俗世的回响。

1

去年的冬天，我和朋友去巴厘岛旅游。

一天，朋友不小心摔破了眼镜，便不得不中断行程，叫了一辆出租车返回旅馆。在车上，他向司机询问修眼镜的地方，但是司机告诉他，只有到首府才能修好眼镜。

我随口叹道："这里真是太不方便了。"

司机不以为然地笑着说道："这里很少有人近视，所以并不会感到不方便。"于是我们聊上了，下车的时候，我跟朋友说，司机大哥谈吐挺风趣的，我们不如明天包他的车，借到首府修眼镜的机会顺便欣赏一下沿途的风光。

朋友同意了，第二天，我们八点准时出发，很快便到达了首府。我穿了一双半高跟的鞋，在首府逛了一上午后，因为鞋子是新的，脚磨得生疼，不得不去车里休息。

司机看到我回来了，就问："累了？"我说："还好，就是脚疼，

第二辑
你是我的小确幸

但也转得差不多啦！"

其实我蛮想回去的，但一想到司机可能为了接这笔生意，而推掉了许多原有的计划后，就不好意思开口说想要回去了。

不料，司机主动问："那不如我送你们回去？"

"可是，说好了包一天的……"我小心询问道："不好意思，司机先生，如果我现在只包半天，这个费用会不会，给您带来极大的不便？"

出人意料的是，司机竟然分外高兴地说道："没有没有。其实你们昨天说要包一整天车的时候，我还犹豫不决呢，若不是因为咱俩聊得来，我定不会接受全天包车的。"

"为什么？"我感到非常奇怪。

司机解释道："我早就为自己设定好了一个工作目标，每天只要赚够六百块，我就收工。而你用一千二百块包一整天车，这可是我两天的工作量，我会因此而失去自己的时间。"

"那你可以明天再休息呀！"我觉得这是件很简单的事情。

但司机却摇摇头说："这可万万不行，如果做满一整天然后再休息的话，慢慢就会衍变成做一周，然后是做一个月再休息，到了最后可能就会变成做一整年才能休息，最终，可能就会导致终生不得休息了！"

2

后来，我把司机的话告诉了朋友，我们不禁回顾起自己原来

仪式感，
让我们活得更高级

的生活。

自己没日没夜地拼命工作挣钱，但却很少按自己真正的意愿好好享受生活。天天想着赚够钱后就享受，可事实上却是"明日复明日"，房子是越换越好，越换越大，但已经大到只能请佣人打扫；而且已经贵到只有拼命工作，才能还上日渐上涨的利息……

于是，为了能有更多的时间专心工作，他只好住在公司，有家不归。但是，这样一来，大房子又有什么意义？而我们自己又变成了什么？是房子的奴隶，还是不停运转的工作机器，或是驮着金钱的驴？

仔细想来，人生苦短，岁月无情。人生前十年幼小，后十年衰老，中间几十年忙于学习、奔波工作。而无论是上学还是工作，更多的是出于一种身不由己的选择，因为上学是成长的需要，工作是生计的需要。真正算来，属于每个人自由支配的时间又有多少呢？

记得有一位法国作家说过这样一句话："上帝把幼小的我们给了父母，把青年时的我们送给社会，把中年时的我们送给了家庭，到了老年，他终于慈悲地把我们还给了自己。"如果，我们听从上帝的安排，在年老时才能够拥有自己的时间，那么人生是不是太悲哀了呢？

所以，为自己留一点闲暇时间，那无疑是一种明智之举。

从那以后，不管多忙，我都会给自己腾出一点时间来，这点时间，不是用来躺在浴缸里或者浇花剪草的，也不是用来冥思苦

第二辑
你是我的小确幸

想或者读书看报的。在这点时间里,除了呼吸什么也不要做,不要思考,更不要忧愁,尽情地享受生活的愉悦。

3

上帝给了一个工作特别繁忙的人一个任务。上帝对他说:"给你一个任务,牵着这只蜗牛去散步吧,不要放开它。"

于是这个人带着上帝给他的任务,牵着蜗牛去散步。他不能走得太快,虽然蜗牛已经尽力往前爬,但是每次它只能挪那么一点点。他不停地催促它,大声地呵斥它、责备它。

蜗牛用抱歉的眼光看着他,仿佛在说:"人家已经尽了全力!"他使劲拉它,甚至想踢它。蜗牛受了伤,流着汗、喘着气往前爬,但是还是那样慢吞吞的。这个人就想:真奇怪,为什么上帝叫我牵一只蜗牛去散步?这对于我来说简直就是折磨,对于蜗牛来说也是煎熬!他不禁昂头向天质问:"上帝啊!为什么?"

天上一片安静,上帝没有回答。"唉!也许上帝又去抓蜗牛了!"这个人想:"好吧!松手吧!反正上帝已经不管了,我还管什么?"任蜗牛往前爬,这个人就跟在后面生闷气。

突然间,他闻到了花香,才知道:哦,原来这边有个花园。他又感到微风吹来,才知道:哦,原来夜里的风这么温柔。他又听到鸟叫,听到虫鸣,看到满天的星斗亮丽多姿。咦?以前怎么没有这些体会?他忽然想起来,原来他弄错了!上帝是叫蜗牛牵他去散步啊!

仪式感，
让我们活得更高级

许多人在这车如流水马如龙的世界过活，匆匆忙忙地急驰而过，无暇回首，于是这丰富华丽的世界便成为一个了无生趣的囚牢。这是一件多么令人惋惜的事啊！

人生就像一场旅途，与其低头匆忙赶路，不如慢慢走，欣赏沿途的风景！

不要辜负了内心那个干净的自己

舍掉一些无谓的忙碌，时常给自己的心灵放个假，不但会使你疲惫的神经得到适时的放松，也会使你乏味平淡的生活得到调剂和点缀。

1

"最近忙吗？"已经代替"吃了吗"，成为大多数中国人的口头禅。的确，在这个"浮躁的年代"，大家都浮躁地活着，忙着各种自以为重要的事，忙到忘掉忙的目的。似乎大家都在忙，时刻都在忙，其实也没忙出点什么具体的事情，但是一看到别人在忙，自己不忙的话，心里就会不自在。

在这样的恶性循环中，我们没有时间享受温馨的早餐，没有

第二辑
你是我的小确幸

闲情享受空气中飘浮的花香，没有闲情逸致感受色彩缤纷的季节更替，甚至对身边躺着的那个心爱的人儿也没有时间相互抚慰关怀。

可是，你问过没有：这么忙，究竟为了什么？你得到了什么，又失去了什么？

一篇名为《在北上广深，朝九晚五只是梦》的文章刷屏朋友圈，再度引发大众对一线城市上班族生存现状的热议。

无独有偶，腾讯电脑管家也通过一则《今晚，你有空吗？》的街采视频，向城市中忙于加班而忽视个人生活的都市高压人群，发出"腾出空，去生活"的邀请。

2

的确，在工作中，我们被快节奏的效率牵绊；在路上，我们被飞速运转的车轮牵引；在生活中，我们被远处可望而不可即的目标诱惑……

匆忙中，我们错过了平静如水的心境，丢失了情深义重的情感，也失去了丰富生活的惊喜，最终失去了思想抱负和自我。于是，反过来，精神世界的空虚，又刺激着我们更强烈地渴望物质和财富，并深陷在浮躁中，荒度时日。我们在30岁的大好年华发出了属于70岁老人的感慨……

当然，也有一部分人知道忙的原因，问他们的答案，无外乎是为了房子、车子、金钱、家庭……但是，当再问及事业发展机会、爱情、亲情等问题时,他们的回答大多是错过。于是,很多人一边麻木而匆忙地生活着,一边感叹唏嘘着:"为什么我们总是在赶,却总是错过?"

3

"你做PPT时,阿拉斯加的鳕鱼正跃出水面;你看报表时,梅里雪山的金丝猴刚好爬上树尖;你挤进办公室时,西藏的山鹰一直盘旋云端;你在会议中争吵时,尼泊尔的背包客一起端起酒杯。有一些穿着高跟鞋走不了的路,有一些喷着香水闻不到的空气,有一些在写字楼里永远遇不到的风景,不要辜负了心中那个干净的自己……"

这是"清华南都"跟"思想聚焦"的微博上非常流行的文艺句子。

很多人看到这段话,非常无奈,也许不是每个人看了都可以实现一次想走就走的旅行,但是每个人看了,都会唤起心中那个干净的自己,纯洁的灵魂,会引发他们对岁月的省思和精神上的共鸣。

请让压力的灰尘得以沉淀、洗涤,让压抑的情绪得到放松,让匆忙的步调得以舒缓,请让心灵放松,让其更为舒畅灵动,让我们有空间细细感受和咀嚼来自生活的乐趣。其实,生活没有那么复杂,我们也不必有如此多的顾虑。

我们需要的仅仅是,腾出点空去生活,别为难自己,别辜负岁月。

第二辑
你是我的小确幸

4

人生之所以觉得有负重感，有时候是因为我们额外地给自己增加了一些不必要的工作。表面上看起来，我们是有所追求，是积极向上，但是仔细分析之后就会发现，我们陷入了为忙碌而忙碌的怪圈之中。为了不承担懒惰、消极的恶名，或者为了一些可有可无的消费享受，我们把自己忙得团团转，这实在是一种错误的心态。

忙碌的人们，该清醒一下了，仔细分析一下，就会发现总有些东西需要放下。摒弃那些多余的东西，不要让自己迷失方向。贪婪导致人们用去大量的时间和精力，而这些时间和精力本来可用在我们真正应该去做的事情上。

闲暇之余，你不妨拿出一张纸来，列一个表，把自制的娱乐方式和娱乐项目列出来。想想野炊或野营，做点手工艺，锻炼一下身体或种点花草，甚至读书、画画、写文章……都挺有趣的。虽然这些娱乐活动很简单，但它会让你感到开心。

伟大的哲学家尼采曾经说："所有的伟大思想都是在散步中产生的。"生活中一些不起眼的行为就能让你感到轻松舒适，散步就是其中最简单，也最廉价的一种。

当面对工作的负荷，再也无力应战的时候，当遇到烦心事，思绪混乱的时候，不妨给自己一个独立的安静环境，去公园逛逛，欣赏姹紫嫣红……这时你会突然发现：天是那么湛蓝，云也分外洁白，这个世界真的好美丽，这时自己也会拥有一份好心

仪式感，
让我们活得更高级

情！不妨撑起一把小花伞在雨中漫步，在青石板小巷里欣赏雨中美景，那细雨会把你的坏心情冲洗干净……

如果有一天，我们的内心平静得如同蔚蓝的浩瀚海洋，而且这种感觉常驻于心中，那么无论我们走到哪里、在做什么，心中总会有一片碧海蓝天，所有的愤怒、怨恨、恐惧都溶解在这一片蔚蓝汪洋中，无与伦比的清净和愉悦之感就会从心底油然而生。这才是人生最纯净、最独特、最幸福的时刻。

不要辜负了内心那个干净的自己，好吗？

爱上一个认真的消遣

兴趣爱好是一个人的精神食粮，支撑着人的精神世界。它犹如心灵的一块绿洲，在人生旅途干涸的时候，滋润慰藉你的心灵。

1

米兰与她的丈夫结婚三年后，终于有了自己的小宝贝。知道自己怀孕的米兰既有欢喜也有忧。她不愿意舍弃自己工作了五年的单位，也不愿意挺着肚子上班，忍受拥挤的交通。两者选其

第二辑
你是我的小确幸

一,她反复纠结,在脑海里形成了挥之不去的阴影。

丈夫劝她不要外出,安心在家养胎。她虽然不情愿,却还是辞职了。久而久之,就养成了习惯,每天在家里收拾收拾,看看电视。日子如同反复重播的录像带,枯燥乏味。"没意思",成了她的口头禅,听得她丈夫耳朵都起茧子了。

一天,她照例对着丈夫抱怨"生活也太没意思了。"丈夫就问她:"那你为什么不找点有意思的事情做呢?"

"你以前不是一直想学钢琴吗?那个时候我们没有钱,现在刚好你没有什么事,不如就开始学钢琴吧,以后也好教我们的孩子。"

米兰听后恍然大悟,原来自己的生活太缺乏这样的爱好了。一个人如果没有自己的爱好,犹如灵魂少了一些血肉,只剩生活这副骨架了。她迷上了钢琴,爱上了钢琴,就这样米兰开始每天在家里练习钢琴,从最基本的入门开始,一天一天练下去。

十月怀胎,女儿出生后,她已经能够弹奏一整支完整的曲子了。看着熟睡的女儿,看着认真弹琴的妻子,丈夫说:"生活从来没有像现在这样温馨且令人陶醉。"

伟大的思想家罗兰曾经说过:"当你所做的事情是你自己的爱好时,你会发现你做起事情来就会事半功倍,爱好能够让人变得聪明,爱好也能够给人们带来动力,做自己喜欢做的事情就会在行程中得到快乐,在困难中得到鼓励!"

仪式感，
让我们活得更高级

2

她是一个很特别的女孩。无论遇到什么事，哪怕是他人摆出一副咄咄逼人的架势，她也从不会轻易动怒。她总是莞尔一笑，给人以岁月安好的宁静。她的心如水般平静，从不对谁说刻薄的话，也不会议论别人的是非，更不会在心里怨恨任何人。对于情感，她像是一朵洁白的雪莲花，不会给爱情和爱人附加任何条件，爱就是简简单单、纯纯粹粹。

她的房间里，有一面书墙，摆满了各式各样的书。她最喜欢的是一套三毛文集。她说："向往三毛与荷西的爱情，看她的文字，就像领略了一段别样的旅行，字字句句都透着真善美，透着对生活的热爱。"这一切，无时无刻不在敲打着她的心。

她喜欢那些有深度的作家，就像毕淑敏，向来对生命存着敬畏和关爱，教她领悟活着的可贵以及珍惜的含义。看过《预约死亡》之后，她真的去了附近的临终关怀医院，从那里走出的时候，她满眼含泪，心情沉重之余多了一分对生命的敬重。

书架上的书，是她的天堂，是她的世界。渡边淳一的《失乐园》、塞林格的《麦田里的守望者》、米兰·昆德拉的《生命不能承受之轻》、西蒙·德·波伏娃的《第二性》和鲍·瓦西里耶夫的《这里的黎明静悄悄》全是她的朋友，她的导师。

每读一本书，她都会精心写下一些感悟。这些感悟或发在豆瓣上，或者自己收藏。她觉得这是心灵的收获、是生命的无价之宝。

有书陪伴的日子，她觉得生命一直在被养分滋润着，汲取着

第二辑
你是我的小确幸

天地间的精华,让心灵开出动人的花。书,是她精神上的导师,是她心灵上的翅膀,给了她一对能够自在翱翔的翅膀,也给了她水一样温婉的性情,透明却真实,温柔却不软弱。

她已经35岁了,有家,有孩子。可这一切,并没有打乱她的书香世界。她的书墙,就是她的精神领地,那是一个没有人能够占据的世界。她坚信,未来的十年、二十年,在书的滋养下,她会比现在更从容、更自信、更优雅。

人一定要培养一些自己的兴趣。难过的时候,兴趣是你最好的老师,引导你走出心底的忧伤;快乐的时候,兴趣是你的密友,分享你的甜蜜;乏味的时候,兴趣是你的恋人,给你恋爱时的激情;寂寞的时候,兴趣是你的亲人,伴你走过最孤独的心路历程。

用你的兴趣爱好,以另一种方式融入这个世界,融化在人们心底柔软的深处。也许,你会在茫茫人海中找到知音,找到心灵有共鸣的那个懂你的人,即使没有,孤芳自赏也未尝不可,同样能给自己带来一份优雅,一份宁静,一份淡泊,一份宽容。

3

有时候,人不一定拥有物质上的满足就会活得幸福,也不一定得到爱情的滋润就会称心如意。有时候,精神上的满足比任何物质都充实,内心饱满的生活才会充满意境。

要有几项兴趣爱好,比如画画、看书、做瑜伽、听音乐、唱歌、看风景……运用其中一两样兴趣爱好来陶冶性情,修身养性,提

仪式感,
让我们活得更高级

高一下自己的生活品位和素质,同时还能自得其乐,能给自己带来健康和美丽。

人总是会累的,在生活的海洋里漂泊,总有需要靠岸的时候。爱人可能会离去,金钱可能会散尽,朋友可能会疏远,那么你的兴趣爱好,就能成为你最后的港湾,心灵永久的栖息之地。

爱好,即使只有一样,也能在生气的时候让自己开心,在事业不顺的时候给自己勇气,在被遗忘的时候找回信心,这就足够了。

跳跳广场舞是多么美好的生活

我每次经过广场的时候,都会强烈地感受到生活的美好,那儿简直就是一片歌的海洋,热闹得像海啸一样奔放。那些都是垂暮之年的老人,都在放声歌唱,多么的乐观,多么的豁达。幸福的人生,无论处境多么困难,只要你想幸福就一定会幸福。

1

那天我收到朋友的电话,她说她很想找个地方哭一下,她觉得自己很没用。她现在很颓废,可她不想这样,然而她却找不出一个理由让自己振作起来。其实,我们每个人都会遇到这样绝望的时候,也都曾遭遇过挫折带来的打击。挫折是人生的必修课,谁都无法逃避。

年轻的时候,我还以为总有一些人的人生是一帆风顺的,后来,我才明白,每个人都有自己不如意的地方,也都曾被绊倒过,只不过,他们中的大部分人都重新站了起来,继续迎接生活的挑战。

遇到挫折并不可怕,重要的是当你正遭遇挫折的时候,你在想什么,你在做什么。

一定要学会如何在遭遇挫折的时候微笑。一个淡定女子的坚强、不畏惧困难的品格比美貌更有价值。

2

曾经有一位30岁左右的女同事很吸引我,因为她是第一个向我微笑的人。看着她那张笑脸,我一天的心情都很好。

慢慢地,我发现她有一面十分精致的小镜子。每当午休的时候,她都拿出来照一照。我发现,她常常独自一个人对着镜子微笑。有一次,我实在忍不住好奇心,试探地问道:"你为什么总爱照镜子?你为什么总是这么开心呢?"

于是,她用讲述亲身经历的方式回答了我的问题。原来,她在三年前得了乳腺癌,丈夫在她刚刚做完切除手术后,就和她离婚了。她带着只有5岁的女儿生活,整天垂头丧气,常常泪流不

仪式感，
让我们活得更高级

止。很长一段时间，她都打不起精神。她说："那时感觉天空都是灰色的。"有一天，她站在镜子前，看到镜子里映出了一张陌生的脸：苍白的脸没有一丝血色，眼神也变得呆板而茫然。她当时就吓了一跳，自己原来那张年轻、俊美的脸到哪里去了？

她努力对着镜子笑了笑，才稍稍感觉自己有了一丝生机。她接着又笑了笑，顿时变得神采奕奕。她的心情也随之振奋了一下。她暗自对自己说："无论发生什么事情，我都要坚强、幸福地活下去。"

她于是痛下决心，常常对着镜子里的自己微笑。此外，她用业余时间搞文学创作，发表了许多文学作品，也收到大量的读者来信。她活得越来越充实，工作也做得越来越出色，每年的年终都能拿到很多奖金。她和周围的人相处得都很融洽，因为她常常对人们友善地微笑，人们也同样回报她以微笑。

懂得对自己微笑的人，她心灵的天空将随之晴朗；懂得对生活微笑的人，将会拥有美丽的人生。

3

女人在楼下的一条小巷子里摆摊卖小炒。一个小气罐，一张木板做的简易操作平台，用来摆放锅碗盘碟，她的摊子就摆开了。

女人30岁左右，身形消瘦，皮肤白皙，长头发用发夹别在脑后。惹眼的是她的衣着，按说整天围着油锅转，应该很油腻才是，

第二辑
你是我的小确幸

可她的衣服却极干净,外面还罩着白衣。衣领那儿,露出里面的一点红,是红毛衣或红围巾。过一会儿,围裙有些脏了,袖套有些脏了,她就换下来,她每天备着好几套,最重要的是,她每天都化很精致的妆,都会涂口红,见到每个人都会笑,如果口红掉了,她就会去补一下,并且,她记得每个人的名字,包括我。

我常常去买女人的小炒。去的次数多了,渐渐知道了她的故事。

女人原先有个殷实的家。男人是搞建筑的,但不幸从尚未完工的高楼上摔了下来,女人倾尽所有,才抢回了男人的半条命。

接下来怎么过日子?年幼的孩子、瘫痪的男人,女人得一肩扛一个。她考虑了许久,决心摆摊卖小炒。

一次,我开玩笑地问女人,攒多少钱了?女人笑而不答。

不多久,女人盘下了一家酒店,她负责配菜,瘫痪的男人被接到店里管账。女人依然衣着干净,涂着口红微笑,一旁的男人气色也好,没有颓废的样子。

生活,也许避免不了苦难,却从来不会拒绝微笑。

4

保加利亚哲学家吉里尔·瓦西列夫在《情爱论》一书中说:"爱的微笑像一把神奇的钥匙可以打开心灵的迷宫,它的光芒照亮周围的一切,给周围的气氛增添了温暖和同情,殷切的期望和奇妙的幻境。"

仪式感，
   让我们活得更高级

微笑释放出的能量也许是世上最惊人的奇迹，而奇迹本身就是它永恒的荣耀，化干戈为玉帛，化武力为祥和。

我自己都有这样的体验，当我心情特别不好的时候，就总是说错话办错事，成了恶性循环。但当我试着笑的时候，我脑子就清醒了，世上没有一成不变的东西，没有永远的成功，更没有永远的失败，正如天气，有晴空万里，也一定会有阴雨绵绵。真正有价值的人，是在逆境中微笑的人。

我每次经过广场的时候，都会强烈地感受到生活的美好，那儿简直就是一片歌的海洋，热闹得像海啸一样奔放。在广场上聚集在一起舞剑练操的老大爷、老奶奶们，精神抖擞地舞着漂亮的剑，跳着强身健体的体操，脸上露出开心的微笑，那些都是垂暮之年的老人，都在放声歌唱，多么的乐观，多么的豁达。幸福的人生，无论处境多么困难，只要你想幸福就一定会幸福。

没有爱的日子里，就享受自由的快乐

人生每一段时光都值得享受，所以根本没必要将其划分成多个阶段，给这个贴上"单身"，那个贴上"婚姻"。没有爱？恭喜你，好好享受自由的快乐吧。

第二辑
你是我的小确幸

1

亦舒在《我的前半生》里,写了一个叫子君的女人。她毕业后就嫁给自己的丈夫,平静地度过十五年之后,丈夫有了外遇,要离婚。回想十五年的婚姻生活,她除了消遣、娱乐、带孩子,什么也没做。没有社会经历,没有工作。

十五年后,韶华逝去,爱人背叛,一切该怎么收场?丈夫已下定决心不回头,唯有自己站起来,才能重新开始。重生是痛苦的,要打破原有的习惯,要去融入新的环境。可人是万物之灵,一番挣扎之后,她在残酷的现实里找到了自己的一方天地。

再次与前夫在街头相遇时,她已经焕然一新。没有伤心感怀,没有凄凄切切,勇敢地抬着头,走着自己的路。大步行走的她,没有浓妆华服,没有多余的饰品,只有一件白衬衫,一条牛仔裤,一个大手提袋,头发挽在后面,从头到脚散发着优雅自然的神态。她的背影,让前夫都感到留恋,他觉得自己当初做错了选择。

2

紫杉是一个美丽聪明的女孩子,上学期间学习成绩一直都很好,是老师和家长眼中的乖乖女。上大学期间,因为父母经常告诫她不要谈恋爱,还是学习比较重要,乖巧的紫杉听从了父母的劝告,大学期间一直没有谈过恋爱,把时间和精力都用在了学习上,因此,每次考试紫杉都拿一等奖学金,每年都被评为优秀

仪式感，
让我们活得更高级

大学生。没有爱情的大学生活，紫杉过得也很充实，很开心。

大学毕业以后，紫杉进了一家外企工作。从紫杉刚进公司那天起，公司里一个叫林的男生就被清纯、美丽的紫杉吸引了，于是，称得上是情场老手的林对紫杉展开了追求。

紫杉从来没有谈过恋爱，加上林又很善于甜言蜜语、温柔体贴的"伎俩"，不久，两个人就开始交往了。可是好景不长，林渐渐厌倦了紫杉，觉得她太不成熟，还没交往多长时间她就吵着要去见家长，还总是絮絮叨叨说一些结婚生子之类的话题。林觉得自己还年轻，不能就这样被一个女人套住一辈子，于是，他和紫杉提出了分手。

听到林这个决定的时候，紫杉当时的感觉真如五雷轰顶，这个打击太大了，她几乎把自己以及自己的未来都寄托在林的身上了，如今他却提出分手，还说什么大家都是成年人了，很多事情不必太当真。

紫杉一下子就病倒了，整整半年的时间，她的意志一直都很消沉，想起那段经历就觉得痛不欲生，工作也早就辞掉了，整天把自己锁在房间里，茶饭不思，亲人朋友怎么劝说她都听不进去。到最后，一米七多的紫杉居然瘦到了70多斤。就这样大约过了七八个月，紫杉终于醒悟了，她觉得自己不应该为了一段不美好的感情和一个不负责的人而折磨自己，于是她开始大口地吃饭，开始制作简历，开始到处找工作。

找到工作以后，紫杉把自己的全部精力都投入到了工作中，她的事业很快就有了小小的成就。每天下了班她都要去健身房

第二辑
你是我的小确幸

健身,周末的时候和同事们去逛街,或者回家陪陪父母,放长假的时候就去旅游,出去走走,看看不一样的风景和人,放松一下自己的心情。最后,紫杉发现,没有爱情的日子也很快乐和幸福,她感觉到了久违的轻松和自在,也渐渐找回了曾经的自信。紫杉很享受自己现在的单身生活,她也不再去刻意追求爱情,她想什么时候缘分到了,自己一定会遇到适合的那个人。

没有爱情的生活,照样可以很幸福。没有爱情就享受自由的快乐和亲情的温暖。没有爱情的日子,同样可以成为我们独特的值得珍惜的人生经历。

3

安娜是个离过婚的女人,现在自己带着一个女儿生活。她回忆自己刚离婚时候的生活,用"不堪回首"来形容一点不为过,她说那时候觉得生活跌入了深渊,四处都是黑漆漆的,看不到一丝光明和希望。她甚至都想过结束自己的生命,但是看到可爱的女儿,她又重新鼓起了生活的勇气。她离开了原来生活的城市,"本来就不是自己的故乡,当初是因为爱上前夫,才留在那个城市的。"安娜说,她带着女儿来到自己一直向往的城市——昆明,在一家国际性的连锁公司找到了一份工作。这家公司的顾客主要都是女性,她在那里认识了很多和自己有着相似经历的女性,她从她们那里学到了很多东西,最重要的是她懂得了没有爱情的生活也可以很快乐。

仪式感，
让我们活得更高级

4

在很多人眼里，爱情是他们人生中很重要的一件东西，他们可以为了爱情放弃事业，放弃亲情，放弃友情，甚至放弃自己的生命。顺治皇帝在自己的爱妃去世以后，看破红尘，出家为僧；罗马尼亚国王卡罗尔二世曾经为了爱情两次放弃王位，带着心爱的人流亡国外。可见，爱情的力量是很强大的。

然而，英国哲学家培根说过："过度的爱情追求必然会降低人本身的价值。一切真正伟大的人物，没有一个是因为爱情而发狂的人，因为伟大的事业抑制了这种软弱的感情。"

不是每个人都那么幸运，可以早早地遇到那个和自己两情相悦，能够陪伴自己走过一生的人。没有爱情的日子，我们也可以让自己的生活充满阳光，爱自己、爱亲人、爱朋友，去帮助需要帮助的人，自尊、自爱、自信，这也是一种幸福的人生。

没有爱的日子里，还是有很单纯的希望，只是更加成熟理智了，对于一个人来说，爱情很重要，但是懂得爱自己更加重要。该来的终归会来的。有仪式感的人，在漫长无序的单身日子里，他们能把一切变得有序有趣，而且能化解掉漫长人生里的纷繁和苦涩。

因此，他们做的每件事，过的每一天都总比别人精致和丰盛。

我认为关于仪式感，人人需要，处处存在，这跟有没有爱情无关；而是关于你对生活的热爱，对幸福的敏感，乃至有时候它仅仅是一种习惯。

第三辑

让生活成为生活，而不是简单的生存

一个人好好享受周末暖阳里的下午茶；每周抽一天时间为自己做一顿饭，把家里打扫得干干净净，再在窗台上摆放一束鲜花……

仪式感，让生活成为生活，而不是简单的生存。

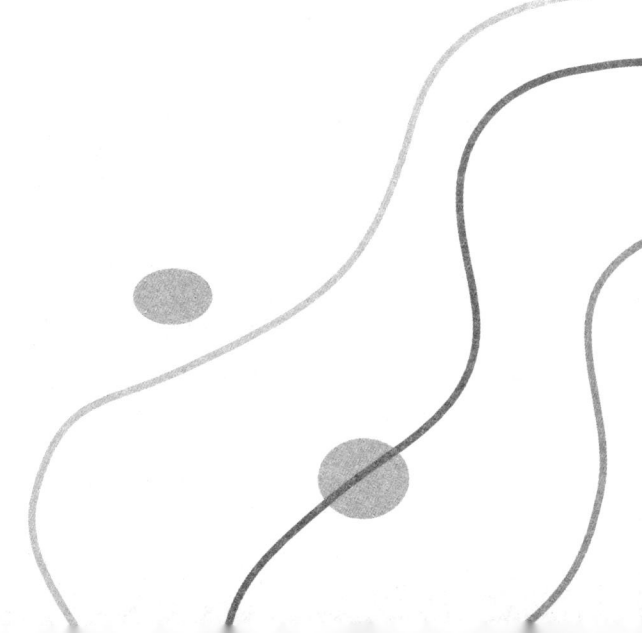

仪式感，
让我们活得更高级

一碗米饭一块馍，皆是生活的颜色

享受生活并不需要太多的物质支持，因为无论是穷人还是富人，都有自己喜欢并为之感到愉悦的东西，情趣不是富人的专利，每一个热爱生活的人都能使其充满情趣。

1

有很多人说："没钱，生活还有什么情趣？"

讲几个故事给你听！

小李是一个大三的穷学生。一个男生喜欢她，同时也喜欢另一个家境很好的女生。在他眼里，她们都很优秀，他不知道应该选谁做妻子。

有一次，男生到小李家玩，她的房间非常简陋，没什么像样的家具。当他走到窗前，发现窗台上放了一瓶花，花瓶只是一个普通的水杯，花是从田野里采来的野花。

就在那一瞬，他做出了决定，他要选择小李作为自己的终身伴侣。促使他下这个决心的理由很简单，小李虽然穷，却是个懂得生活的人，将来无论他们遇到什么困难，他相信她都不会失去对生活的信心。

第三辑

让生活成为生活，而不是简单的生存

小白喜欢时尚，爱穿与众不同的衣服。她是被别人羡慕的白领，但她却很少买特别高档的时装。她找了一个手艺不错的裁缝，自己到布店买一些不算贵但非常别致的料子，自己设计衣服的样式。在一次清理旧东西时，一床旧的缎子被面引起了她的兴趣，她觉得这么漂亮的被面扔了怪可惜的，不如将它送到裁缝那里做一件中式时装。想不到服装做出来效果出奇的好，她的"中式情结"由此一发而不可收：她用小碎花的旧被套做了一件立领带盘扣的风衣；她买了一块红缎子稍作加工，就让她那件平淡无奇的黑长裙大为出彩……

小王是个普通的职员，过着很平淡的日子。有一天，她走过天桥，看见一个衣着朴实的人在卖花，他身边的塑料桶里放着好几把康乃馨，小王不由得停了下来。这些花一把才5元钱，如果是在花店，起码要15元，所以，小王毫不犹豫地掏钱买了一把。这把从天桥上买回来的康乃馨，在她的精心呵护下开了一个月。每隔两三天，她就会为花换一次水，再放一粒维生素C，据说这样可以让鲜花开放的时间更长一些。

她常和同事说笑："如果我将来有了钱……"同事以为她一定会说买房买车，而她说："我就每天买一束鲜花回家！"

生活中还有很多像小李、小白、小王这样懂得生活艺术的人，他们懂得从平凡的生活细节中拣拾生活的情趣。

生活可以很平凡、很简单，但是不可以缺少情趣。一个懂得幸福生活的人可以从做家务、教育孩子、陪爱人买礼物等平凡的生活细节中体验到生活的快乐。

仪式感，
让我们活得更高级

一个富有的人生活不一定有乐趣，一个贫困的人也有可能把自己的小日子过得有滋有味。

2

一位得知自己将不久于人世的老先生在日记簿上记下了这样一段文字：

"如果我可以从头活一次，我要尝试更多的错误，我不会再事事追求完美。

"我情愿多休息，随遇而安，处世糊涂一点儿，不对将要发生的事处心积虑地算计着。其实，人世间有什么事情需要斤斤计较呢？

"可以的话，我会多去旅行，跋山涉水，再危险的地方也要去一次。以前不敢吃冰激凌，是怕健康有问题，此刻我是多么后悔。过去的日子，我实在活得太小心，每一分、每一秒都不容有失，太过清醒明白，太过合情合理。

"如果一切可以重新开始，我会什么也不准备就上街，甚至连纸巾也不带一包，我会放纵地享受每一分、每一秒。如果可以重来，我会赤足走出户外，甚至彻夜不眠，用自己的身体好好地感受世界的美丽与和谐。还有，我会去游乐场多玩几圈木马，多看几次日出，和公园里的小朋友玩耍。

"只要人生可以从头开始，但我知道，不可能了。"

生活本是丰富多彩的，除了工作、学习、赚钱、求名外，还有

第三辑
让生活成为生活，而不是简单的生存

许许多多美好的东西值得我们去享受：温馨的家庭生活、壮观的自然美景等。美国诗人惠特曼说："人生的目的除了去享受人生外，还有什么呢？"

林语堂也持同样的看法，他说："生活的目的即生活的真享受……是一种人生的自然态度。"

亨利·梭罗说过："我们来到这个世上，就有理由享受生活的快乐。"

其实，享受生活并不需要太多的物质支持，因为无论是穷人还是富人，都有自己喜欢并为之感到愉悦的东西，情趣不是富人的专利，每一个热爱生活的人都能使生活中充满情趣。

3

很多人问，情趣从哪里来？我要怎么做才有情趣？

世上有趣味之事很多，但似乎总离不开诗、酒、哲学、爱情等。也许很多人认为这些没用，在利益至上的现代社会提这些有趣没趣的，矫情给谁看呢？甚至有人还会拿出"百无一用是书生"的论调。但纵观历史，吟"无用"之诗，醉"无用"之酒，读"无用"之书，钟"无用"之情，终于成"无用"之人的人，却反而活得有滋有味，打造了自己精彩的人生。

著名的山水诗人谢灵运，一生醉心于山水诗的研究与创作，崇尚生命的恬静安然，他在一生的坎坷仕途之中常有感悟，终于成为中国历史上著名的山水诗人的鼻祖。田园诗人陶渊明，不喜

仪式感，
让我们活得更高级

欢做官，不肯为五斗米折腰，用诗书相伴自己的一生，"不戚戚于贫贱，不汲汲于富贵"，吟"无用之诗"，醉"无用之酒"，读"无用之书"，一生写了大量的饮酒诗、咏怀诗、田园诗，因而成为古典诗词的典范。

一碗米饭，一块馍，皆是生活的颜色。在喧嚣、平淡的日子里心如止水，在粗茶淡饭里咀嚼生活的味道，拥有一颗平常的心，简简单单地过日子，这也是一种惬意的人生。日久天长，在这平淡之间，你会发现，平淡并不意味着枯燥，其中蕴藏着巨大的惊喜、难忘的奇迹。

一辈子不长，做个有趣的人

有人把生活比喻成一首歌，但这歌并不都欢快得令人陶醉，它有忧伤、有凄凉、有哀痛和呻吟。只有真正懂得生活的人才会把它当作一首歌来唱，将自己的嗓音调整到最佳状态，努力地把握好每一个音节，就连那伤心伤情之处也要表现得凄美而惨烈。

第三辑

让生活成为生活,而不是简单的生存

1

一个6岁的小女孩问妈妈:"花儿会说话吗?"

"噢,孩子,花儿如果不会说话,春天该多么寂寞,谁还对春天左顾右盼呢?"妈妈的回答让小女孩满意地笑了。

小女孩长到16岁,问爸爸:"天上的星星会说话吗?"

"噢,孩子,星星若能说话,天上就会一片嘈杂,谁还会向往天堂静谧的乐园呢?"小女孩又满意地笑了。

女孩长到26岁,已是个成熟的女性。一天,她悄悄地问做外交官的丈夫:"昨晚宴会,我表现得合适吗?"

"棒极了!"外交官不无欣赏和自豪之情,"你说话的时候,像叮咚的泉水、悠扬的乐曲,虽千言而不繁;你静处的时候,似浮香的荷、优雅的鹤,虽静音而传千言……能告诉我你是怎样做到的吗?"

妻子笑了:"6岁时,我从当教师的妈妈那儿学会了和自然界对话;16岁时,我从当作家的爸爸那儿学会了和心灵对话;在见到你之前,我从哲学家、史学家、音乐家、外交家、农民、工人、老人、孩子那里学会了和生活对话。亲爱的,我还从你那里得到了思想、智慧、胆量和爱!"

2

一个优雅快乐的人,会感受生活,会品味生活中每时每刻的内容。虽然享受生活必须有一定的物质基础,需要你努力地工作

仪式感，
让我们活得更高级

和学习，创造财富，但是，劳作本身不是人生的目的，人生的目的是生活得惬意。一方面勤奋工作，另一方面使生活充满乐趣，这才是充实的一生。

享受生活，并非花天酒地，或过懒人的生活。享受生活，是要你努力去丰富生活的内容，努力去提升生活的质量，愉快地工作，也愉快地休闲。散步、登山、滑雪、垂钓，或是坐在草地、海滩上晒太阳，在做这一切时，不理琐事，使烦忧消散，使灵性回归，使亲伦重现。用乔治·吉辛的话说，是过一种"灵魂修养的生活"，是像艺术家一样热爱并设计生活，让生活呈现出另外一番模样。

比如说，有人说日子如白开水，淡而无味，那你就加点蜂蜜……你能做的有很多，可以无极限发挥你浪漫的创意，让生活变得不再平淡。生活需要变化，这样才能让人觉得有新鲜感，才能长时间地保持活力。

王小波把人分为有趣和无趣两种，在一个无趣的时代、无趣的社会，做个有趣的人不容易。要做一个有趣的人，首先要热爱生活，对万事万物充满爱心；其次要善于观察生活、体验生活，发现生活的情趣；再次要善于运用联想和想象去发现生活中的美和情趣。

纵观历史，圣人出现了不少，有趣的人可不多。

苏东坡是个有趣的人，古人有"人生四大乐事"之说，苏东坡则认为，人生赏心乐事不单只有四件，而有十六件：清溪浅水行舟；微雨竹窗夜话；暑至临溪濯足；雨后登楼看山；柳荫堤畔闲行；花坞樽前微笑；隔江山寺闻钟；月下东邻吹箫；晨兴半炷茗香；午倦一方藤枕；开瓮勿逢陶谢；接客不着衣冠；乞得名

第三辑
让生活成为生活,而不是简单的生存

花盛开;飞来家禽自语;客至汲泉烹茶;抚琴听者知音。从这十六件乐事中,可见苏东坡极热爱生活,也懂得享受生活,是个不折不扣的有趣之人。

生活从来都不缺少美,而是缺少发现美的眼睛。在有情趣之人眼中,万事万物莫不情趣盎然,蚊子可以是"群鹤舞空",蛤蟆可以是"庞然大物";在无情趣之人眼中,世界永远是枯燥无味的。

风和日丽时,躺在草地上看云,下雨天打伞听雨声,晚上看月亮数星星,躺在床上胡乱想着自己的前世今生……这些看似无用的事,却能使我们的人生充满了情趣。

3

苏盈就是个极富生活情趣的人。虽然她工作很忙,闲暇时间不多,她却生活得有滋有味。

她一有时间就用丝线编织各种小背包,那黑丝线钩织的小包,衬上孔雀蓝的底衬,再缀上各式各样的饰物,俨然一件漂亮的工艺品,谁看见都会爱不释手。她家的椅子腿都套上了神奇的毛线套,害得别人去她家都舍不得往椅子上坐,生怕压坏压疼了这些可爱的"小生灵"。

在她家做客,客人能吃到她自己烤制的面包,里面添加了葡萄干、瓜子、花生仁、核桃、果脯等各色果料,鲜香可口;能尝到她腌制的各色小菜,脆脆的地葫芦,吃起来又香又脆,味道令人久久难忘;她熬的腊八粥,她包的咸肉粽子,她烙的肉饼,都是那么诱人。

仪式感，
让我们活得更高级

每次客人们都是连吃带拿，她则高兴地表示下次还要做得更多。

她从来没有因为忙碌的工作而影响自己的生活质量和生活情趣，大家对她的生活热情佩服得五体投地。

人们总是羡慕那些功成名就的人，认为他们是生活中的成功者，认为只有这些人才会对生活充满感激、信心和激情。

其实，真正懂得生活的人，对生活充满信心的人，是那些在生活中遭遇挫折和不幸的人；是那些深知生活在世上，有快乐就有悲伤，有成功就有失败，有苦涩就有甘甜的人；是那些对生活没有过多奢求而认认真真生活的人；是那些把生活本身当作幸福的人。

当我们对待生活，都像一个艺术家一样，敏锐地洞察每一个片段之美，怀着婴儿般的好奇心去探索每一个角落，以超凡的想象力、创造力来做每一件事，那么，生活便会处处大放异彩。

我是我最忠实的朋友

你孤独吗？经常会有人这么问我。

孤独这个字眼，似乎给人更多的是悲戚感。

孤独是一件可怕的事情，滋生蔓延着一个人的恐惧，我们惧怕孤独，希望听到声响、看到人群、呼吸到稠密的空气。

我承认，我挺孤独的，甚至，有时候我也怕孤独。

第三辑
让生活成为生活,而不是简单的生存

1

我发了一条"害怕入梦,所以睁着眼睛一夜又一夜"在朋友圈里,一分钟后看到小可的留言:你去搞点安定吃吃不就得了!

小可似乎是我身边唯一不怕孤独的女人,以前,她是我不同部门的同事,关于她的流言很多,比如说和某些男同事的绯闻,但在我印象里,她总是一个人独来独往。

那时候我是文艺女青年,每天下班后和两个闺蜜蹲点一样去南门城墙下一个叫蛋壳的酒吧,每人要一瓶绿茶,让老板送我们一盘爆米花,从第一拨客人来坐到最后一拨客人走。好几次散场的时候,我见到小可独自坐在路边摊,面前是一只砂锅或者一盘炒面,她吃得很开心,看到我们,抬起头说:"Hi!"

有人问:"小可,你怎么不和我们一起玩?"

小可说:"我不会喝酒。"

有人奇怪地问:"你怎么一个人吃饭?"

小可的表情好像很天真,她说:"我天天一个人吃饭的。"

没有多少人相信她的托词,在别人眼里,甚至包括我在内,一个25岁的姑娘,长得不差,大好的晚上,没有约会,独自一人打扮得花枝招展出来吃夜宵,实在是很奇怪。于是有人猜测小可是不是刚和某某约会完毕,更有一些八卦的把我们认识的,住在这附近的男同事排查了一遍。

我在杂志社待了近半年,这半年里我几次在单位以外的地方见到小可。一次是在小寨的百盛,她背了个包认真地看着化妆

仪式感，
让我们活得更高级

品，一次是在钟楼的人群里，她裹着大衣匆匆与我擦肩，还有几次是在一个叫雕刻时光的咖啡馆……我的记忆里，她一直是一个人。

后来我离开了西安，去了北京，30岁那年，我意外地在北京和小可重逢，彼此都有几分他乡遇故知的欣喜。

我说："你也来了？"她说："是啊，我住在东直门。"我跟着她去她住的地方，那是一幢复式楼里隔出来的一间房屋，其实原本是个阳台改造的，十平方米的空间摆得满满当当，梳妆台充当了书桌，卫生间和浴室都是公用。小可说："刚刚起步，也只能这样子。"

我终于忍不住问："为什么不找个人合租呢？我真好奇，为什么你总是喜欢一个人住，一个人吃饭，一个人坐咖啡馆？"

小可怔了一下，笑着说："一个人有错么？我的个性比较独立，不是没有朋友，而是再亲密的朋友也喜欢保持距离。"

我说："可是这样别人看着很奇怪。"

小可说："别人怎么看与我有什么关系？难道找个人合租，或是找个人一起吃饭、逛街就不孤独了吗？如果我要吃西餐，她（他）要吃麻辣烫，那么最好的办法就是各吃各的，我不会因为别人说我一个人吃饭很可怜，就舍得不去吃西餐。"

我又说："难道你不怕孤独？"

小可说："朋友不能帮你驱逐孤独，你必须靠自己。"

第三辑
让生活成为生活,而不是简单的生存

2

尼采在《查拉图斯特拉如是说》中写道:"孤独是对别人的一种饥渴。你想念着别人,但还不够——你是空虚的。因此,每个人都想在人群中,给自己编织各种人际关系,只是为了欺骗自己、忘记自己是孤独的,但是孤独会一再冒出来,没有一种人际关系能够隐藏它。"

他还写道:"孤独是一种正面的感觉,那是感觉到你自己的本质,那是感觉到你对你自己来说是足够的——你不需要任何人。"

也许,身边多一些朋友,可以让你远离形单影只,却难以消除你内心的孤独感。就像金钱可以帮你打发空虚,却无力填充你的孤独。

陈怡心从小就是在蜜罐子里长大的女孩,大学四年,为了能满足自己对父母的依赖,周末的时候就常常买机票飞回家跟父母团聚。在别人的眼里,她就是个令人艳羡的小公主。

工作以后,她在父母的安排下进了一家外企,起初的时候大家很喜欢陈怡心。因为她虽然是个千金小姐,但是对待同事却没有一点娇气的架子,喜欢跟大家打招呼,问东问西,还喜欢在下班的时候挤进他们的活动中。

但时间久了,大家开始有些想躲开陈怡心。当同事在说悄悄话的时候,陈怡心会忽然冒出来:"喂!你们在说什么啊?我也要听。""喂,你们昨天去了哪啊?我也要去。""你们有什么事情瞒

仪式感，
让我们活得更高级

着我不带我呀……"甚至是"谁和我去洗手间？"一问再问，如果没有人陪她，她就逼迫着边上的同事多喝水。

我见过陈怡心和她的男朋友，毕业后的陈怡心不在父母的公司工作而选择留在北京，所以她认为自己最亲近的人就是男朋友了。上班时间短信不停，下班后电话轰炸。回到家后不让他单独出去，必须留在家里陪她。

有一次，男友陪老总在酒店应酬，陈怡心的电话不断，惹得老板和客户都不高兴了，索性就关了机。回去后陈怡心大吵大闹，嚷着要分手，他一怒之下说："好！分手。"头也不回地摔门离去。

我问陈怡心："难道你不知道距离产生美这个说法？还是对自己没自信？"

失去男友的陈怡心似乎一下子老了几岁，她红着眼睛说："都不是，我只是没有安全感。我想要爱，很多很多的爱，亲情也好，友情也好，爱情也好，可以像天鹅绒一样包围我，让我不觉得孤独。"

的确，很多人都没有安全感，又不懂得自己给予自己安全感，所以就会非常的恋家或者黏人。可能由于生存、生活、求学、爱情或者追求梦想，我们总是不得已要离开家乡，离开朋友，离开熟悉的环境，或者被离开，在一个陌生的环境里举目无亲，又或者在一个熟悉的环境里睹物思人，总之，我们在不断地面对离别，跟老朋友说了再见之后，有了新朋友，新朋友很快成了老朋友，于是又说了再见……

第三辑
让生活成为生活，而不是简单的生存

这种失落的情绪伴随着成长会越来越强烈，直到现在，即使旧人回来了，却还是觉得中间有着深深的隔阂。父母跟我们不再那么亲厚了，因为我们长大了，打不得骂不得；朋友不再跟我们那么亲密了，因为大家都有自己的工作和家庭或者爱情要忙，此时陪伴我们的只有孤独，前所未有的孤独。

逃离孤独——这是脑子里唯一的念头，害怕独处，所以不管是上班下班休息日哪怕是吃饭上厕所，总要拉着一个人陪自己，有什么活动一定要积极参加，非要玩到筋疲力尽才肯罢休，回到家倒头就睡，不给自己任何独处的时间。

有人曾问斯多葛学派的创始人芝诺："谁是你的朋友？"

他说："另一个自我。"

人生在世，我们当然不能没有朋友。但在所有的朋友中，最不能忽略的一个朋友就是自己。如果你和自己都是陌生人，即使朋友遍天下，也只是热闹而已，你的内心仍然是孤独的。

能不能和自己做朋友，关键在于他有没有芝诺所说的"另一个自我"。这另一个自我，实际上就是一个更高的自我，同等重要的是你对自我的态度。

3

能和自己成为朋友，是人生很高的成就。古罗马哲人塞涅卡说："这样的人一定是全人类的朋友。"法国作家蒙田说："这比攻城治国更了不起。"

仪式感，
让我们活得更高级

和自己做朋友，就要真正爱自己。

法国版《ELLE》曾经做过一项调查，——"假如我们对你的恋人或丈夫做一次采访，那你最想从他们的嘴里知道些什么？"被调查者都不约而同地回答："他还爱我吗？"

他还爱我——这就是多数人想从恋人那里得到的答案，其中女性占多数。

而我想问的问题却是："亲爱的姑娘，你还爱自己么？"

也许你会说，谁不爱自己呢？是的，没有谁不爱自己，但真正是不是、会不会爱自己，却是一个问题。比如说，你每天为自己真正预留了多少专属自己的时光？没有动机、没有功利、没有交换，只是为了让自己充分自在地舒展开来，感受着自己，感知到自己，然后才知道，如何才是真正爱自己。

在更多的时间里，你恐怕都忙于应付各种需要了。为家庭，为工作，为孩子……即使在一人独处不需要应酬谁时，你是不是也常会忘记要应酬自己？而依然在行为上或者脑子里惯性地应酬着这个或那个，或者自觉地鞭策自己，去充电，恶补情商或者管理经？

这些都不是真正爱自己的表现，都不能真正地滋养自己。

爱自己，不是以物质贿赂自己——一掷千金并不见得是犒赏了自己；不是拿成就激励自己——成功也不见得能喂饱你；当然更不是以别人的眼光或者标准苛求自己——别人都满意了你却不一定能够满意。

我跟小可说："安定我不吃，我怕坏脑子，我打算去报个瑜伽班，打算完毕，我还是失眠，我就看电视去了。"

那就这么办。

既然我心里的孤独,你填补不了,我就大哭大笑,自娱自乐,反省自己,冷静思考,一个人看电影、阅读、走路、旅行……分开自己的空间,分给自己一份任何人都不可占有的孤独。在这个国度里,我就是所有,好好享受一个人的狂欢。

好好睡觉才是正经事

我们都不是只睡四个小时还能取得成功的极少数精英,对于像我这样的普通人来说,快40岁了,在北京连一套房子都买不起,但我能睡好,有好的心情,我就能拥有一个幸福快乐的人生。

我只愿慢慢成为一个简单的人。遇见复杂的事情,知道睡一觉就过去了。

1

早上10点多,我有急事找朋友Cindy。微信,QQ均收不到回复,电话打了一遍又一遍,没人接。发了微信红包,威逼利诱,皆是石沉大海。

我无奈,只好先忙别的事情去,心里嘀咕,这家伙以前就算

仪式感，
让我们活得更高级

是开会，至少也会回我个表情包的，这次是怎么了，大早上的，莫非手机没带？不对呀，不是还有QQ吗？隐约脑补了一系列画面，下午3点，Cindy的回复来了：

"不好意思，昨天加班，早上请假在家里睡觉，手机静音了。"

我晕，我气急败坏地骂道："请假睡觉不奇怪，可是这都几点啦？"

Cindy说："下午3点，我是早上5点加班完毕，6点去吃早餐，闹钟开到下午2点，刚好8小时，8小时对一个女人来说，太重要了。"

我不屑地说："你也够矫情的！像我们这样的三餐不定点、晚睡甚至是通宵，都是家常便饭。"

Cindy说："睡得晚是没办法，但是至少要保证高质量睡眠的修复啊，比情商和智商更重要的是一个人的睡商啊。"

2

睡得不好，是文字圈里人的常态，也是大龄单身文艺女青年的一种病——缺少睡商。自然，未必是要和Cindy一样非要睡够8小时。但良好的睡眠对于我们来说，确实是一件奢侈的事情。

年轻的时候，谁都有过彻夜不眠的激情和饱满，似乎睡眠对我们来说微不足道，又似乎一个文艺女青年要是在夜里10点就睡觉了，一定会被大家嘲笑——创造的灵感不都是来自午夜的吗？

第三辑
让生活成为生活，而不是简单的生存

秋是我以前杂志圈的一个作者，湖南女孩，2000年初，那会还有论坛，秋在一个论坛做主编，她的签名档是"深夜蔷薇，凌晨起舞"，每天深夜两三点，还能看到她挂在线上——我这么说的意思是，我也没睡，呵呵。那时候深夜不睡的人太多了，借着QQ，借着论坛，我们指点江山激扬文字，一个个跟帖回帖，谈论着只属于青春的梦想。即使是到了凌晨4点，还会出现这样的对话：

"我写了3000字，谁给我看看？"

"我饿了，家里面只有狗粮。"

"我要去打扫卫生了。"

……

秋就是在那时候养成了日夜颠倒的习惯，那时她说要到中午才能睡着，我们谁也不觉得奇怪。

后来论坛解散，杂志因为网络的冲击纷纷关闭，我和大部分人断绝了联系，似乎就这样相忘于江湖。

大概在刚刚有微信的那年，收到一条验证消息，是秋，邀请我入一个群，我以为还是曾经的文学青年或伪文学青年群之类的，进去一看，群的名字居然叫"12点前睡觉"。再一看，有几个人似曾相识，依旧是当年论坛上叱咤风云的家伙，无非是一些人的头像已经变成了他们抱孩子的或者遛狗的。

我说："这是做什么的？"秋说："这个群是用来提醒我们这些'前文艺青年'，12点前互相督促着睡觉的。"

细问之下，我才知道，当年那段日夜颠倒的生活，受到了不良影响的不只我一个人，秋在杂志解散后去一家银行做企

仪式感，
　让我们活得更高级

划，每天早上7点起床让她觉得生活没有一点乐趣，甚至开始怀疑人生了。

"关键是，睡不着啊！"当年论坛上一个和我夜夜对掐的家伙说，"年纪大了，才知道那段日子里，极大地损伤了自己的睡商，白天去公干，晚上回到酒店后已经筋疲力尽，但就是睡不着，一躺床上就像打了鸡血一样精神百倍，第二天一早又不得不打起精神去见客户。"说这话的人是个男的。

"还算运气好。"秋说，"最郁闷的是我了，生孩子那会被查出来一系列的这病那痛，无奈之下，工作也辞了，一辞工作，以前的日夜颠倒的生物钟就跟养熟的狗一样，赶也赶不走！我这不是抱着试试看的心情，建了个群，想找当年的哥们姐们聊下么？结果，大家都感同身受啊。于是我们决定互相督促，12点前，一定去睡觉！"

是啊，好好睡觉才是正经事。
睡眠好并不一定能让一个人多赚钱，但睡眠不好，却有可能让人因为判断出错而少赚钱；如果说情商高的人更容易成功，那么，睡商高的人则更容易感到满足和幸福。

3

年轻的时候，谁不曾挥霍过自己的睡商？
睡商，是一个创造出来的词语，就像所谓的智商、情商、性

第三辑

让生活成为生活，而不是简单的生存

商、健商……它是一个有内涵的概念，它记录了你对睡眠知识的了解程度，自我认识的心理过程，以及与他人、环境、社会的关系和适应程度。睡商高的人，他们的统一标签是：身体健康、精神焕发、皮肤光亮、思维敏捷。

李开复曾发布了这样一条微博："世事无常，生命有限。原来，在癌症面前，人人平等。"随后，便前往台湾治疗。

事隔多年，人们对当时的回忆，像是被罩上了一层毛玻璃，在漫反射中，悲恸隐去，出现模糊的画面。但每每不经意提起，记忆的毛玻璃又被贴上透明胶带，那些画面又完整清晰地呈现在面前。

说起谷歌，就想起李开复。他以前就喜欢和年轻的创业者比赛熬夜，不是简单的熬到几点，而是比赛谁能在夜里最快回复邮件。夜里，他喜欢将笔记本放在床头，设置好邮件提醒，每当有声音提示，他就从床上弹起来处理工作，而这是对人体正常睡眠的严重干扰。

前半生用命挣钱，后半生拿钱买命——当身边一个个顶着各种各样职业病还奋不顾身拼命赚钱的人越来越多时，不知道他们是否能认识到，如果没有了健康，赚再多的钱也是买不来幸福的。

叔本华说："在一切幸福中，人的健康其实胜过其他幸福，一个健康的乞丐要比疾病缠身的国王要幸福得多。"

人生在世，有1/3的时间是处于睡眠状态，可以说睡眠就像一个建筑的主体，也是生命的基石，一切的繁华美好都紧附其

仪式感，
让我们活得更高级

上，依其而生。

情商、智商高的好处，只有情商、智商高的人才能体会到，但睡得好不好，却是每个人都能切身体会得到的。

假设你在工作上犯了很大的错误，被其他人骂得体无完肤；或者是和交往多年的TA分手，内心受到很大的打击，这时候你会怎么做呢？

很多人会选择喝酒、唱歌、哭泣……但其实要治疗内心创伤，最简单的方法就是"睡觉"。如果一个人在任何变故下都能睡得好，睡得踏实。那么，这个人的情商一定很高。

只要经过熟睡，就可以客观面对昨天发生的事。睡眠能让人脱离视野狭隘的状态。

只要一个晚上，就能够改变痛苦。

受到莫大的打击，胡思乱想只会让心情更消沉。这时候不如早点上床睡觉，隔天我们就能恢复冷静，觉得：其实这也不是什么大问题。

睡眠，是对付压力的特效药。

4

工作重要吗？相信说不重要的人要么超凡脱俗，工作对他们来说没有任何的概念；要么功成名就，是在享受生活。而绝大多数人仍然只能靠工作来维持个人和家庭的生活，没有了工作就意味着没有了生活来源。

第三辑
让生活成为生活，而不是简单的生存

但工作的重要性还在于它不仅是维持生存的手段，也是健康和能力的表现。工作是否认真积极，有个人的思想成分，也与个人的健康状态密切相关。

传说英国前首相撒切尔夫人每天就只睡四个小时，但她的精力却充沛得惊人，天天日理万机至深夜，长年如一日，一直活到87岁。

年轻的时候，但凡是有父母长辈劝我，不要熬夜，好好睡觉，我就拿出他们那代的"偶像"来给自己反击。

现在我才明白，我不是撒切尔，我们都不是只睡四个小时还能取得成功的极少数精英，对于像我这样的普通人来说，快40岁了，在北京连一套房子都买不起，但我能睡好，有好的心情，我就能拥有一个幸福快乐的人生。

我只愿慢慢成为一个简单的人。

从这个程度上说，良好的睡眠之于我，也抵得上一场恋爱的本质——顺其自然，无法勉强，但是，我向往它，并且相信它是重要的。

当然，拥有良好的睡眠，也需要技巧，比如运动、饮食，或者是秋的"晚上12点前睡觉"群里的心理调节。

每个人都需要掌握一些可通过训练得到的基本技巧，认真做好每一天分内的事情。不索取无关的远景。不纠缠于多余情绪和评断。不妄想，不在其中自我沉醉。不伤害，不与自己和他人为敌。不表演，也不相信他人的表演。活在当下，这是唯一的意义。

遇见复杂的事情，知道睡一觉就过去了。

仪式感，
让我们活得更高级

第二天，忘记昨夜事，继续往前走。

艰难的时段无一例外都会过去。

你无法甩掉不满意的世界，
而只有世界能甩掉爱逃避的你

纠结了、迷茫了，就甩手弃业去旅行？每次幽怨地对生活唱"离开你，就是旅行的意义"——那么然后呢？一次次离开，都终究要回来，那我们又如何处理一次次与现实的再次融合？继续纠结迷茫吗？

1

记得那年夏天，"我就是想停下来，看看这个世界"的帖子很火，一个22岁大好年华的姑娘休学旅行的故事再次把每个骨子里向往穷游的人刺激得滋啦乱响。

整整一个下午，我默默地看完了帖子下边的每一条留言、每一声嚎叫，抑制住内心的蠢蠢欲动，终于还是以一名金牌"潜水员"的职业操守，含泪飘过。

第三辑
让生活成为生活,而不是简单的生存

2

美国作家安迪·安德鲁斯说:"人的一生之中至少要有两次冲动,一次为奋不顾身的爱情,一次为说走就走的旅行。"这句话广为流传,激起了无数人的共鸣。奋不顾身的爱情需要缘分,而说走就走的旅行,却是可以随时开始的。

"驴行者"大米辞去了高薪的工作,开始了自己的间隔年旅行。当被问起为什么可以放弃目前高薪稳定的工作,而去做一个间隔年旅行的时候,大米说:"间隔年旅行,是我蓄谋已久的,用时髦的话说,重走一回青春。既为祭奠我16年的辛勤劳作,也是为了开启我一段新的人生旅程。"

大米是70后,最早是在一个广州女孩的游记里看到间隔年这个词的,英文叫Gap Year。间隔的意思是停顿,在西方,年轻人在升学或者毕业之后、工作之前,并不急于盲目踏入社会,而是停顿下来,做一次长期的远距离旅行——通常是一年。

在这段时间放下脚步去做自己想做的事情,比如去游学、当义工,或者只是休息,思考自己的人生。还有一种"Career break"的说法,指的是已经有工作的人辞职进行间隔旅行,以调整身心或者利用这段时间去做别的事情。

大米说自己并不排斥现代社会的价值观,比如成绩优越、事业有成。但他越来越多地开始思考,我需要别人眼中的辉煌还是自己能够感受到的快乐,人生必须有一个固定的轨迹吗?我需要让每一个人都喜欢和肯定吗?我可以按照自己喜欢的方式生活

仪式感，
让我们活得更高级

吗？我可以不需要计划人生而是追随自己的心灵选择未来的方向吗？

于是，他决定在工作了16年，收获了肩颈劳损、神经衰弱、脂肪肝，还有人生前所未有的迷茫的时候，决定停下来，去看看世界。

——"世界那么大，我为什么不能去看看？"

3

但是，这也是以往看过诸多旅行故事后我的困惑：纠结了、迷茫了，就甩手弃业去旅行？每次幽怨地对生活唱"离开你，就是旅行的意义"——那么然后呢？一次次离开，都终究要回来，那我们又如何处理一次次与现实的再次融合，继续纠结迷茫吗？

对这一问题的解答，才是我们的关键。

对于远方，每个人都有无限向往，但多数人都在朝九晚五，按时打卡上下班的生活中沦陷了。工作之后，就没有读书的时候自由了，有太多的牵绊，"我五行缺钱""天天上班，没得闲""孩子太小"……貌似总是被各种各样的事物缠绕着，使得双脚无法迈开。

小时候我们看《读者文摘》，很容易被那些励志的、煽情的故事打动，一边又忍不住怀疑——有这么容易吗？后来才知道，这类东西统统叫作心灵鸡汤，它们总是第一眼看上去合理、美妙、易于实行，再稍微想一想就不难发现：它们的逻辑总是建立在一

第三辑
让生活成为生活，而不是简单的生存

个异常狭小、与真实世界完全两样的空间里，除了极度的偏执狂没人能做到。

4

在我因为"世界那么大，我要去看看"而辞掉工作，出发到日本、韩国两次后，我觉得所谓的"说走就走的旅行"基本上是做不到的。

不工作之后的生活更简单吗？表面上看起来是的，我穿衣服的风格大变。在路上，习惯穿着保暖而舒适的抓绒衣登山鞋之后，我买了一堆在城市里能穿的休闲衣服和鞋子。但是，好一点的休闲装却比上班装还贵。

是的，我不用按时上下班、不用赶时间了，我省下大笔的交通费了吗？在北京这样一个大而无当，公共交通弊端重重的地方，很多时候，如果你不是坐在私家车或出租车里，就会痛切地感到自己是一个失败者，如果从马路的这一边到另一边都宽阔、混乱得令人绝望，恐怕买车比不买车更称得上"顺其自然"吧！

"驴行者"大米也说，在西藏和尼泊尔的旅行中，他多次在没有电和热水的小旅馆过夜。是的，那里的天空特别高远，那里的星星特别美丽。但是，每天睁开眼，想到的就是今天能吃到什么？会住在哪里？能洗上热水澡吗？平时想都不用想的日常生活细节被成百倍地放大。

这样，我们做日常琐事所花费的时间多了许多。

仪式感，
让我们活得更高级

连比尔·布莱森这个长途旅行的老前辈，在《欧洲在发酵》的末尾都说，"我思念我的家人，与家居生活的种种舒适与亲昵，我已厌倦了张罗吃饭睡觉的日常苦役……"

那么问题来了——"说走就走的旅行"不算什么，如果没有丰满而灵性的精神世界，走到哪里，都不可能找到纯粹的简单之美。

记得，旅行不是逃离，不是放逐——你无法甩掉这个让人不满意的世界，而只有这个世界能甩掉喜欢逃避的你。

之所以停下来看世界，是为了从更广阔的人和事来认识自己，以更开放的心态去拥抱世界，从而以更大的热情回归生活。

第四辑

给自己一个仪式，在每个值得纪念的瞬间

我们之所以需要婚礼、毕业旅行、散伙饭等仪式，就是需要仪式感，来给自己的未来赋予新的意义。

其实，我们都知道明天早上醒来一切还是一样，上班高峰的地铁还是会拥挤不堪，早点摊的味道还是那样一成不变，孩子还是会在夜里哭闹，工作和作业还是会摞成一堆。

只是我们需要一个仪式，需要一个可以说你好、说再见，一个可以光明正大跟过去决裂，一个似乎可以逼着自己做一些改变的时刻。

> 仪式感，
> 让我们活得更高级

当初的梦想，你如今实现了吗？

在实现理想的重任中，遭遇到一点困难、曲折或失败，就灰心丧气、悲观失望甚至动摇理想信念的人，不可能将理想变为现实，也不可能体会到实现美好理想的巨大幸福。

1

有一个小男孩的父亲是位马术师，他从小就跟着父亲东奔西跑。由于经常四处奔波，男孩的求学过程并不顺利。

初中时，有一次老师叫全班同学写作文，题目是《长大后的志愿》。

那晚他洋洋洒洒写了七张纸，描述他的伟大志愿，那就是想拥有一个属于自己的牧马农场，并且他仔细地画了一张占地200亩的农场设计图，上面标有马厩、跑道等位置，而且在这一大片农场中央，还要建造一栋占地460平方米的巨宅。

他花了好大心血把这篇作文完成了，第二天交给老师。两天后他拿回了作文，上面打了一个又红又大的F（不及格），旁边还写了一行字：下课后来见我。

脑中充满幻想的他下课后带着作文去找老师，问："为什么

第四辑
给自己一个仪式，在每个值得纪念的瞬间

给我不及格？"

老师回答道："你还小，不要老做白日梦。你没钱，没家庭背景，什么都没有。盖座农场可是个花钱的大工程，你要花钱买地，花钱买纯种马匹，花钱照顾它们。"他接着又说，"如果你肯重写一个比较不离谱的志愿，我会给你一个你想要的分数。"

男孩回家后反复思量了好几次，然后征求父亲的意见。父亲只是告诉他："儿子，这是非常重要的决定，你必须自己拿定主意。"

再三考虑后，他决定原稿交回，一个字都不改。他告诉老师："即使拿个大红F，我也不愿放弃梦想。"

二十多年后，这位老师带领他的三十个学生来到那个曾被他指责过的男孩的农场露营一星期。离开之前，他对如今已是农场主的男孩说："说来有些惭愧。你读初中时，我曾向你泼过冷水。这些年来，也对不少学生说过相同的话。幸亏你有毅力坚持自己的目标。"

2

当梦想成为信仰，那些曾经的或者正在经受的遗憾、挫折、失败都不会令我们感到绝望，我们会拥有对未来更多的期许。那矢志不移的梦想追求，怎么会经受不住一时的失意呢？

相信每个人都有过梦想，都曾在梦想的道路上留下或多或少的足迹。成长的路上从来都是成功与失败并存的，我们只有在

仪式感，
让我们活得更高级

失败中不断吸取教训，在成功中不断总结经验，才能更快地抵达梦想彼岸。凶猛的野兽被猎人射伤时，它依旧疯狂奔跑，它的梦想也许就是逃出去，然后活下去。我们若拥有胡杨千年不死，死后千年不倒，倒后千年不朽的精神，那实现梦想还会困难吗？

生活中，我们就像生存在孤岛的人，没有交通工具，就永远认为这个世界只属于我们，根本不会晓得人外有人，山外有山；我们就像一粒沙子，在风中慢慢沉淀，沉下去，你就不会再为梦想努力，你也就永远不会再见到阳光了。

所以，请坚持梦想，不断耕耘。怀着梦想坚持航行，才有可能抵达梦想的彼岸；只有顽强拼搏，才会有辉煌的未来。我们要为梦想守候，要为梦想努力，因为我们拥有足够的资本去追逐梦想。

3

一个叫布罗迪的英国教师，在整理学校教学楼阁楼上的旧物时，发现了一沓作文本，上面是这个学校的31位孩子在50年前写的作文，题目叫《未来我是……》。

布罗迪随手翻了几本，很快便被孩子们千奇百怪的自我设计迷住了。比如，有个叫彼得的小家伙说自己是未来的海军大臣，因为有一次他在海里游泳，喝了三升海水而没被淹死；还有一个说，自己将来必定是法国总统，因为他能背出25个法国城市的名字；最让人称奇的是一个叫戴维的盲童，他认为，将来他肯定是英国内阁大臣，因为英国至今还没有一个盲人

第四辑

给自己一个仪式,在每个值得纪念的瞬间

进入内阁……总之,31个孩子都在作文中描绘了自己的未来。

布罗迪读着这些作文,突然有一种冲动:何不把这些作文本重新发到他们手中,让他们看看现在的自己是否实现了50年前的梦想。当地一家报纸得知他的这一想法后,为他刊登了一则启事。没几天,书信便向布罗迪飞来。其中有商人、学者及政府官员,更多的是没有身份的人……他们都很想知道自己儿时的梦想,并希望得到那本作文本。布罗迪按地址一一给他们寄了去。

一年后,布罗迪手里只剩下戴维的作文本没人索要。他想,这人也许死了,毕竟50年了,50年间是什么事都可能发生的。

就在布罗迪准备把这本子送给一家私人收藏馆时,他收到了英国内阁教育大臣布伦克特的一封信。信中说:"那个叫戴维的人就是我,感谢您还为我保存着儿时的梦想。不过我已经不需要那本子了,因为从那时起,那个梦想就一直在我脑子里,从未放弃过。50年过去了,我已经实现了那个理想。今天,我想通过这封信告诉其他30位同学:只要不让年轻时美丽的梦想随岁月飘逝,总有一天它会变为现实出现在你眼前。"

布伦克特的这封信后来被发表在《太阳报》上。他作为英国第一位盲人内阁大臣,用自己的行动证明了一个真理:假如谁能为了五岁时想当总统的愿望执着地努力奋斗50年,那么他现在一定已经是总统了。

理想,是我们自己确定的人生价值的最大值。只有逐渐地接近理想,才能获得更为充盈的人生,才能长久地支撑着"人"的一撇一捺。

仪式感，
让我们活得更高级

4

宁可因梦想而忙碌，也不要因忙碌而失去梦想。不敢有梦想的人，生活必定是平淡庸俗的。正如英国盲人教育大臣戴维·布伦克特所说："只要有梦想且不断地追寻，你就能够梦想成真。"

执着是梦想成真最重要的一个方面，可以说执着是滴水穿石，执着是愚公移山，执着是精卫填海，执着是铁杵磨成针。执着于梦想，再大的困难都能解决，即使道路再崎岖也能一马平川，风雨再大都会拥抱晴天！

没有人能随随便便成功，即使是明星的一夜成名，背后也隐藏着对梦想的执着。在困难面前，我们不能退缩，要挺身而进，执着努力。只有执着于自己的梦想，不断超越进取，才能让我们的人生道路更加宽阔。

最大限度地减少生命中的平庸

人只有在压力之下，才能获得更大的动力。当自己置身于悬崖时，自己要么彻底成为扶不起的阿斗，要么让自己脱胎换骨，更进一层。

第四辑

给自己一个仪式,在每个值得纪念的瞬间

1

有位年轻人刚到美国的时候,为了寻到一份能够糊口的工作,他骑着一辆自行车沿着公路走了数月,替人放羊、割草、收庄稼、剪草坪、洗碗。只要有人给他一口饭吃,就暂且停下酸胀的脚步。

有天,他看见一个招聘业务员的启事。他选择了应聘。过五关斩六将,眼看就要得到那年薪三万五的职务了,可是招聘主管却出人意料地问道:"你有车吗?你会开车吗?我们这份工作要时常外出,没有车寸步难行。"

为了争取这份极具诱惑的工作,他不加思索地回答"有!会!"

"四天后,开着你的车来上班",主管说。

四天之内要买车、学车谈何容易,但为了生存,他豁出去了。他在华人朋友那里借了些钱,从旧车市场买了一辆外表丑陋的"甲壳虫"。

第一天他跟华人朋友们学简单的驾驶技术,第二天在屋后的那块大草坪上摸索练习,第三天歪歪斜斜地开着车上了公路,第四天他居然驾车去公司报了到,现在他已是这个公司的业务经理。

美国有一个人叫乔治·格什温。他是个作曲家,可他从来没有写过交响曲,而当时美国最著名的斯坎德爵士乐团的著名指

仪式感，
让我们活得更高级

挥家，却对他十分赏识，邀请他为交响乐团写一部交响曲。但是，固执的格什温声称自己对交响乐一窍不通，不肯从命。

这位指挥家竟然在报纸上刊登了一则广告，说20天后音乐厅将上演格什温的交响乐《蓝色狂想曲》。格什温看到广告，大惊失色，质问指挥家为何要令他出丑，指挥家微笑着说，反正，全城人都知道了，你看着办吧。格什温没办法，只好将自己关在屋子里，硬是用两周的时间完成了这部作品。谁知首场演出竟大获成功，格什温的名气也迅速传遍美国。

给自己一片没有退路的悬崖，从某种意义上来说，是给自己一个向生命高地冲锋的机会。

2

有一个动物学家，发现了一个十分奇怪的现象。

当小羚羊刚刚能够奔跑的时候，倘若遇到猎豹和狮子等天敌，那些成年的羚羊就会带着这些小羚羊逃跑。可是让这个动物学家感到不解的是，这些成年的羚羊选择逃命的方向大多是附近最陡峭、悬崖最多的地方。

每当逃到悬崖边的时候，这些成年的羚羊都会一跃而过，而那些小羚羊也会拼命地去跃过悬崖，偶尔也有一些刚刚学会奔跑的小羚羊由于不能跃过悬崖而摔下去。这个动物学家经过多次统计，发现这些成年的羚羊遇到危险时，十次里至少有八次都会选择向有悬崖的地方逃跑。

第四辑
给自己一个仪式,在每个值得纪念的瞬间

为什么成年羚羊会选择悬崖多的地方呢?这些羚羊长期生活在这个地方,应该对这个地方很熟悉呀,为什么会选择悬崖作为自己的逃生之路呢?

这个动物学家经过几个月的研究,最后终于找到了答案。当一只羚羊刚刚学会奔跑的时候,由于奔跑的强度不大,它的腹肌并没有被最大化地拉开,所以即使它拼命奔跑,步幅也不过三米左右。这些幼小的羚羊在狮子或猎豹的追逐下,当无路可退而前面只有悬崖时,随着成年羚羊的一跃而过,它们最后也只能跟着跃过去。

可是并不是每一只小羚羊都会成功地跃过去,幸运的小羚羊们会跃过悬崖,跳到对面的山坡上,那些身躯过于庞大和沉重的猎豹和狮子则对此束手无策,而那些不幸的小羚羊则跌落到悬崖下。

小羚羊跃过悬崖后,它们的腹肌都有了不同程度的拉伤,但是拉伤恢复后它们奔跑的步幅明显有了很大的进步,差不多可以达到四米。以这样的速度奔跑起来,狮子和猎豹往往望尘莫及。

3

生命就像一个容器,它的容积是事先确定好了的,容器里无意义的东西多了,有意义的东西就会相应减少。给自己一片悬崖,实际上也就是要最大限度地减少平庸在生命里的容积,让人

仪式感,
让我们活得更高级

生的美丽充满我们的每个日子。

心理学家认为,人在一定的压力下,才能最大限度地开发出自己的潜能。孟子说"生于忧患,死于安乐。"人只有在逆境中才能把压力变成动力,才能被激发出更大的潜能与斗志。

给自己选择一片悬崖,才会把自己逼上绝境,才会最大程度地发挥自己的潜力,绝境是生命创造神话的最好温床。

但周围有很多人不懂得这个简单的道理。他们整天庸庸碌碌、不思进取,给自己设计了太多的退路,在这些退路里,他们心甘情愿让自己的生命发霉、腐臭。他们的生活没有悬崖的威胁,也永远没有翠绿的春色,更没有居高临下的辉煌。一个人要想让自己的人生有所突破,应该把自己带到人生的悬崖边上,在看似深渊的边缘,实为另一片蓝天。

任何时候只要你愿意,都能东山再起

有时候,成功的秘籍并不深奥,对于每个人来说,其实就是简简单单的一句话:鼓起你的勇气,乐观面对每一天。

第四辑
给自己一个仪式，在每个值得纪念的瞬间

1

每个人在一生中都有一门重要的学问要学，那就是怎样去面对"失败"，处理得好坏往往就决定了一生的命运。要记住这句话："面对人生逆境或困境时所持的态度，远比任何事都来得重要。"

美国从事个性分析的专家罗伯特·菲利浦有一次在办公室接待了一个流浪者。那人进门打招呼说："我来这儿，是想见见这本书的作者。"说着，他从口袋中拿出一本名为《自信心》的书，那正是罗伯特许多年前写的。

流浪者说："一定是命运之神在昨天下午把这本书放入我的口袋中的，因为我当时决定跳入密歇根湖了此残生。我已经看破一切，认为一切已经绝望，所有的人已经抛弃了我，但还好，我看到了这本书，使我产生新的看法，这本书为我带来了勇气及希望，并支持我度过昨天晚上。我已下定决心，只要我能见到这本书的作者，他一定能协助我再度站起来。现在，我来了，我想知道你能替我这样的人做些什么。"

在他说话的时候，罗伯特从头到脚打量着流浪者，他茫然的眼神、满面的皱纹、纷乱的胡须以及沮丧的神态，这些向罗伯特显示，他已经无可救药了。但罗伯特不忍心对他这样说，罗伯特请他坐下来，请他把他的故事完完整整地说出来。

原来流浪汉是因自己开办的企业倒闭、负债累累，离开妻女到处流浪，因而悲观绝望。

仪式感，
让我们活得更高级

听完流浪汉的故事，罗伯特想了想，说："虽然我没有办法帮助你，但如果你愿意的话，我可以介绍你去见一个人，他可以帮助你赚回你所损失的钱，并且协助你东山再起。"罗伯特刚说完，流浪汉立刻跳了起来，抓住罗伯特的手，说道："看在老天爷的分上，请带我去见这个人。"

流浪汉提出这个要求，显示他心中仍然存在着一丝希望。罗伯特拉着他的手，引导他来到从事个性分析的心理试验室里，和他一起站在一块看来像是挂在门口的窗帘布之前。罗伯特把窗帘布拉开，露出一面高大的镜子，他可以从镜子里看到他的全身。

罗伯特指着镜子说："就是这个人。在这个世界上，只有一个人能够使你东山再起，除非你坐下来，彻底认识这个人，当作你从前并未认识他，否则，你只能跳进密歇根湖里，因为在你对这个人作充分的认识之前，对于你自己或这个世界来说，你都将是一个没有任何价值的废物。"流浪汉朝着镜子走了几步，用手摸摸他长满胡须的脸，对着镜子里的人从头到脚打量了几分钟，然后后退几步，低下头，开始哭泣起来。过了一会儿，罗伯特领他走出电梯间，送他离去。

几天后，罗伯特在街上碰到了这个人，他已经不再是一个流浪汉的形象，他西装革履，步伐轻快有力，头抬得高高的，原来那种衰老、不安、紧张的姿态已经消失不见。他说，他感谢罗伯特先生，让他找回了自己，并很快找到了工作。

后来，那个人真的东山再起，成了芝加哥有名的富翁。

第四辑
给自己一个仪式，在每个值得纪念的瞬间

2

如今，在每一场成功训练课里，都有这样一个"照镜子"的课程。其实，每位失败的朋友和追求成功的朋友，进去"照一照"，定会与你以往出门前"一照"的效果大不一样。

当一个人相信困难会永远长存时，那就犹如在他的神经系统中注入了致命的毒药，你别指望他会拿出任何力求改变的行动。同样，当你听到别人跟你说这个困难会没完没了的话时，可千万别轻信，最好离他远一点。

不管人生中遇到什么不顺的事，你一定要记住："这件事迟早会过去的。"只要你能坚持下去，终必会有云散天开见月明的一刻。

人生中的赢家与输家、乐观者与悲观者的差别，在于是否相信困难"无所不在"，乐观的人从不相信人生处处都是困难，因而不会单为一个困难便把自己绊住，反而把困难视为一种挑战。

那些悲观的人，只因在某一方面失败，便以为在其他方面也会失败，结果就真的如他所想在金钱、家庭、工作乃至人际关系方面都出现了问题，他们既无力管好自己的信念，当然对其他的事情也就无能为力。

相信困难"永远长存"且"无所不在"是很伤人的，所以当你碰到困难时一定要确信自己能找出解决之道，并且立刻拿出相对的行动，必然能很快地消除这些消极的观念。

仪式感，
让我们活得更高级

3

1980年12月的一天，一个叫作苹果的公司在美国上市了。这个公司的创始人——24岁的乔布斯很快就变成了当时美国最年轻的亿万富翁。随之而来，1981年，乔布斯又获得了里根国家级技术勋章，成为美国人心中的偶像。

对于乔布斯来说，成功来得如此之快，快得让他不敢相信。终于，他开始有些飘飘然了。他的脾气越来越坏，越来越独断专行，越来越傲慢，逐渐迷失了自己。他在Lisa计算机和麦金塔计算机的研发中完全不计后果地投入大量人力、物力，最后导致管理层强烈不满。随后，Lisa计算机项目被叫停，倾注苹果公司和乔布斯大量心血的麦金塔电脑上市后，也没有取得预期的销量。乔布斯与被他请来的CEO斯卡利之间的矛盾也逐渐公开化和白热化。乔布斯没有意识到，自己已经把自己带入了孤立无援的境地。

战火终于燃烧了，在一次耗时24小时的会议后，董事会一边倒地拥护斯卡利，乔布斯被剥夺了全部运营权。5个月后，他辞职了。在与斯卡利的博弈中，乔布斯最终败北。

乔布斯的人生之旅就此改变，他从平坦宽广的柏油路，走上了泥泞的小路。

乔布斯被他自己创建的公司扫地出门了，这令他感到非常屈辱。离开苹果的乔布斯一连几个月不知道应该怎么办。他曾经愤怒地以低价抛售了手上所有的苹果股票，曾经为了抚平内心

第四辑
给自己一个仪式,在每个值得纪念的瞬间

的伤痛而一个人蓬头垢面地在印度流浪。很长时间,他都无法接受这样的结果。经过漫长的痛苦与挣扎后,他慢慢地冷静下来,决定从头开始。

此后10多年的时间里,他开了一家名叫NEXT的科技公司,并收购了一家叫皮克斯的动画公司。皮克斯公司推出了世界上第一部完全用计算机制作的动画片《玩具总动员》,一举获得成功。现在,皮克斯已经是全球最成功的动画制作室。乔布斯后来诚恳地对别人说,如果当初,他没有被苹果公司解雇,他可能一直都在一个错误的方向上努力,而此后创建NEXT公司、收购皮克斯公司等行为就不可能发生。同样,此后凭借NEXT和皮克斯的成功而重返苹果也将不会发生。最后,苹果只会烂掉。那时的他,被公司扫地出门,实在是最好的结果。如果他追求日后的成功,就一定要承受当时的那些痛苦。

其实,人生之光荣,不在永不失败,而在能屡仆屡起。对每次跌倒能立刻站起来,每次坠地反像皮球一样跳得更高的人,是无所谓失败的。人生是一条没有尽头的路,不要留恋逝去的梦,把命运掌握在自己的手中,艰难前行的人生途中,就会充满希望和成功!

仪式感,
让我们活得更高级

有一种美丽,叫作残缺

世人都喜欢圆满,有一点缺陷,人们就会闷闷不乐。真实的世界本来就不是圆满的。如果我们一味地要求完美,反而会得不偿失。有这么一句话:当一个人毫无选择的时候,能作出最好的选择;而当人们有很多选择的时候,反而失去了选择,被"完美"的围城狠狠地缠住。

1

塞尔玛是一个普通的随军家属,一次,她陪伴丈夫驻扎在一个沙漠的陆军基地里。

她的丈夫奉命到沙漠里去演习,她则一个人留在陆军的小铁皮房子里。天气热得受不了,即使在仙人掌的阴影下也有50多度。她没有人可以谈天——身边只有墨西哥人和印第安人,而他们不会说英语。她非常难过,于是就写信给父母,说要丢开一切回家去。不久,她收到了父亲的回信。信中只有短短的一句话:"两个人从牢房的铁窗望出去,一个看到泥土,一个却看到了星星。"

读了父亲的来信,塞尔玛觉得非常惭愧,她决定在沙漠中

第四辑
给自己一个仪式，在每个值得纪念的瞬间

寻找"星星"。塞尔玛开始和当地人交朋友，她对他们的纺织、陶器很有兴趣，他们就把自己最喜欢的纺织品和陶器送给她。塞尔玛研究那些引人入迷的仙人掌和各种沙漠植物，观看沙漠日落，还研究海螺壳，这些海螺壳是几万年前当沙漠还是海洋时留下来的。

原来难以忍受的环境变成了令人兴奋、令人流连忘返的奇景。塞尔玛为自己的发现兴奋不已，并就此写了一本书，以《快乐的城堡》为书名出版了。是什么使塞尔玛的内心发生了这么大的改变呢？沙漠没有改变，印第安人也没有改变，改变的只是她的心态，一念之差，使她把原先认为恶劣的情况变为了一生中最快乐、最有意义的经历，塞尔玛终于找到了属于自己的"星星"。

因此，面对生活和工作中的一切，你不能随意给事物定位，认为哪个是你应得的，哪个是你不应该失去的。得到与失去没有什么应该不应该，全在于你自己怎样去看待。

如果为了一颗逝去的流星哭泣，失去的可能是整个星空。换一种心态面对生活，让自己快乐起来，也许会发现，自己得到的更多。

2

一个女孩活泼、美丽，却不幸身患绝症，据医生诊断，她最多还有10个月的生命。当知道自己的病情以后，女孩所有的欢乐都没有了，她开始拒绝治疗，而且不和任何人说话，甚至连眼睛都

仪式感，
让我们活得更高级

不愿意睁开，只是静静地等待死神的到来。

医生说身患绝症的病人如果鼓起生活的勇气，敢于和死亡搏斗，这样也许还有产生奇迹的可能。

家人心急如焚，却无可奈何，直到有一天，一位老人也住进了医院。

"孩子，你看看外面啊！"女孩听到了一个陌生的声音，不由得有些好奇，就睁开眼睛，才发现不知道什么时候病房里又多了一位年老的病人。

"孩子，你应该看看窗外。"老人又说，女孩出于礼貌，就把目光投向窗外。

一丛花儿开得正艳，女孩想起自己美好的青春还没有来得及绽放，就凋谢了，不由得黯然神伤。老人明白女孩的心思，说道："你看看那棵树。"

挨着病房的楼房一角，生长着一棵树，树很奇怪，叶子稀稀疏疏的，树皮斑驳脱落，树枝很少，而且树身严重扭曲，但是奇怪的是这棵树看起来并不古老，却显得精神百倍。

女孩收回目光，迷惑地看着老人说："这样的树有什么好看的？"

"你知道它为什么会这样吗？"老人问道。

女孩考虑了一会儿，看着树周围林立的高楼，淡淡地说："大概是修建这些楼的时候弄的吧？"

老人笑了："真是一个聪明的女孩。确实是这样，这棵树已经有几十年的寿命了，许多年前，这棵树跟别的树一样，树干笔直，

第四辑

给自己一个仪式，在每个值得纪念的瞬间

枝繁叶茂，树皮光滑，但是在修建这些大楼的时候，落下的砖石泥块掉在它身上，于是树皮树枝就成了这样。楼房建好以后，所有的阳光都被堵住了，为了寻找阳光，树干就慢慢开始扭曲，最终就成了这个样子。"

女孩的眼睛再次看向了窗外，那棵历经苦难的树在阳光下依然显得很有活力，虽然磨难重重，可是丝毫没有摧毁它那顽强的生命力。

看着看着，女孩的眼睛湿润了，她似乎明白了什么，"谢谢你，爷爷，我懂了！"在她那因为久病而显得苍白的脸上多了一些微笑。

老人看着女孩说道："天地小了，快乐就少了，痛苦就多了；世界大了，微笑就多了，痛苦就小了。孩子，错过了星星，还有月亮，错过了月亮，还有太阳，就算连太阳也错过了，还有整个天空。一棵树为了生命都在努力争取每一点阳光，我们何必因为错过了星星而抛弃整个世界呢？"

女孩开始积极配合治疗，她就像那棵不幸的树，尽自己最大的努力去争取阳光，用自己顽强的毅力和死神抗争。

几年以后，女孩还是去世了，虽然她没有为自己的生命创造奇迹，但是她却让医生的死亡诊断一次次落空，直到生命的最后一刻，她还是面带笑容。

在她留下的日记中，有这么一句话："没有了星星，还有月亮；失去了月亮，还有天空。病痛带给我痛苦，却也让我懂得了人生，在生命最后的日子里，我失去了很多，却也让我明白了很多！"

仪式感，
让我们活得更高级

3

这个世界，美丽的事物往往有缺憾，诸如维纳斯的断臂、圆明园的残垣。它们并不完美，然而这些令人叹息的缺陷却并未减少它们本身的美丽；相反，它给人以美丽的想象空间，增添了无穷的魅力。所以很多时候，我们相信有一种美丽叫残缺。

美艳无双的西施有心痛之病，才智绝顶的诸葛亮也会霸业难成，勇冠欧洲的拿破仑也会上演滑铁卢之败。没有一件事物可以绝对完美，上帝在安排完美的时候，一定不会忘记残缺，然而残缺又在某种程度上成就了完美。西施因为心痛多了一点我见犹怜的动人；诸葛亮因为大业难成多了一曲千秋悲歌；拿破仑因为滑铁卢的惨败多了一份历史的传奇。

这些都告诉我们，这个世界上，完美与缺憾往往是并存的。如果我们懂得换个角度去看，就能发现缺憾背后的美。

"无言独上西楼，月如钩，寂寞梧桐深院锁清秋。剪不断，理还乱，是离愁，别有一般滋味在心头。"一轮满月当空固然是一种美，可这"月如钩"也是一种美。

史蒂芬·霍金，一个"坐在轮椅上的科学家"。仅以三根还能活动的手指保持着与外界的联系与交流，却在中国掀起了一阵阵"霍金热"。

伊扎克·帕尔曼，一个坐着轮椅登台表演的国际小提琴大师，凭着一具有缺憾的钢铁之躯，登上了音乐艺术殿堂的最高峰。

拥有先天智障的舟舟，当他沉浸在无穷魅力的音乐海洋中

第四辑
给自己一个仪式,在每个值得纪念的瞬间

时,俨然成了一切生命的主宰。

人生在世,谁都希望生活完美,但缺憾总是难以避免。面对缺憾,换个角度,就能发现它背后的美。

生活其实很动人,
只是我们被偏见蒙蔽了眼睛

人生最大的痛苦莫过于跟自己过不去,总是对生活不满和抱怨的人,大都因为不能接纳自己。

1

白云守端禅师有一次和他的师父杨岐方会禅师对坐,杨岐问:"听说你从前的师父茶陵郁和尚大悟时说了一首偈,你还记得吗?""记得,记得。"白云答道,"那首偈是:'我有明珠一颗,久被尘劳关锁,一朝尘尽光生,照破山河星朵。'"语气中免不了有几分得意。

杨岐一听,大笑数声,一言不发地走了。白云怔在当场,不知道师父为什么笑,并为此愁烦不已,整天都在思索师父的笑,怎么也找不出他大笑的原因。那天晚上,他辗转反侧,怎么也睡不

仪式感，
让我们活得更高级

着,第二天实在忍不住了,大清早便去问师父为什么笑。杨岐禅师笑得更开心了,对着因失眠而眼眶发黑的弟子说:"原来你还比不上一个小丑,小丑不怕人笑,你却怕人笑。"

白云听了,豁然开朗。是啊,只要自己没有错误,笑又何妨呢?

也许你还有这样的感受,做人做事,哪怕是穿一件新衣服,说一句什么话,都会不自觉地考虑别人会怎样看,会不会不高兴,总想尽量按照别人的期望去做,担心顺了姑心失了嫂意,怕别人失望,被别人笑话,甚至责骂。而总有人会因为未能尽如人意,或听到背后有人非议自己,就耿耿于怀而不可终日。

其实,一个人将生活的焦点和生命的重心放在看别人的眼光、脸色和喜恶上,千方百计去克忍自己,迎合别人,是非常愚蠢的,且不说千人千性,众口难调,你不可能满足所有人的要求,即使能,也只能扭曲自己,最终失去自己,失去自己的生活乐趣和生命价值。

2

《庄子》里有一段动人的故事:子祀和子舆是一对非常要好的朋友。有一天,子舆突发疾病,作为好朋友,子祀前去探望。面对子祀的安慰,子舆说:"上天竟把我变成了这副模样:驼背,背上的伤口流脓,肩部比头颅还高,颈椎弯曲,像朝天隆起的赘瘤,下巴都长到肚脐下面去了。"

子舆是因为感染了阴阳不调的邪气,所以才变成上面他所

第四辑
给自己一个仪式，在每个值得纪念的瞬间

说的那副怪模样。但是子舆没有指天骂地，还颇为自得地一步步走到井边，从井里看自己现在的这副样子，又开自己的玩笑说："哎哟！上天又要把我变成这副滑稽的模样呢！"

子祀有些担心，就问："你是不是讨厌这种病？"子舆说："不，我不讨厌，我为什么要讨厌这种病？如果我的左臂变成一只鸡，那我便用它报晓；如果我的右臂变成弹弓，那我便用它去打斑鸠烤野味吃；如果我的尾椎骨变成车，那我的精神就变成马，这样我就能四处遨游，无须另备马车了。得是时机，失是顺应，如果人能安于时机并能顺应变化，那无论是喜是悲都不能侵犯心神，这就是所谓的'解脱'。如果人不能自我解脱，就会被外物所奴役束缚。物不能胜天，这是事实，当我不能改变它时，我为什么不接纳它呢？"

这则故事，真是道尽了生活的智慧。人必须接纳生活，"安于时机并能顺应变化"，才能好好地生活，才能让心神不受侵犯。看看子舆的态度，对自己丑陋的外表非但没有怨天尤人，反而幽默起来，调侃自己，甚至对自己欣赏起来。所以说，人唯有接纳生活，接纳自己，感情和理智才不矛盾，才不会造成烦恼。

接纳自己不是划地自限，而是认清自己。每个人都有优点和缺点，有其特有的能力、经验和机遇，只有能接纳自己、接纳生活，生活才可能变得朝气蓬勃，只有接纳才有喜悦，才知道痛下针砭。否则，就等于是在否定生活，否定自己，那样很容易迷失自己，会在生活上感到空虚和无奈。

3

在现实生活中,不管遇到什么挫折都要接纳自己,当你的生活不如意时,多想想自己的优点。一个懂得接纳生活、接纳自己的人,会把握住自己的做人准则,以自己的言行塑造自己的人生。

在一个不大的小镇上,有一个退伍军人,他少了一条腿,只能拄着一根拐杖走路。一天,他一跛一跛地走过镇上的马路,过往的人都带着同情的语气说:"你看这个可怜的家伙,难道他要向上帝祈求再有一条腿吗?"退伍军人听到了人们的窃窃私语,他便转过身对他们说:"我不是要向上帝祈求再有一条腿,而是要祈求上帝帮助我,让我失去一条腿后,也知道该如何把日子过下去。"

常言说得好,人生不如意十之八九,人生道路怎可能一帆风顺?生活总会有酸甜苦辣、喜怒哀伤,尤其是最近的生活,压力空前巨大,处处可以听到牢骚和痛骂的声音,仿佛对这样的生活充满了仇恨,恨不得逃离这个世界,与这样的生活一刀两断!

可是,这样排斥生活只能让我们更痛苦,同时,也让我们对自己越来越不满意,"为什么我处处不如别人?"这是很多人的心声,是啊,我们可能没有一个好爸爸、没有高学历、没有钱、没有漂亮的脸蛋、没有聪明的大脑、没有好工作、没有好运气、没有房子、没有对象……当我们不能肯定自己,只以权势、虚荣、占有来肯定自己时,就会显得非常脆弱,非常容易被蒙蔽,非常容易在这个物欲横流的世界迷失自己。

月有阴晴圆缺,人有旦夕祸福。生活往往无常。面对生活中

第四辑
给自己一个仪式,在每个值得纪念的瞬间

的财富,可以去尽情享受,开阔眼界,陶冶性情,饱览世界风情,过上充实的生活。实际上,很多在文学上有成就的人是出身富贵,因为他们从小有条件饱读诗书,长大后周游世界,也可以尽情挥洒自己的才能。

可是我们大部分人没有这样的条件,我们的生活困窘,不能享受富足的生活。但是这并不意味着我们的生活就很糟糕,我们同样有追求幸福生活的权力。当我们感到生活贫乏时,要学会去探寻生活的艺术,也要学会思考,不要把思维局限在一个框框里,这样我们就会发现,生活其实很动人,只是我们被偏见蒙蔽了眼睛。

第五辑

每一个仪式感的背后，都藏着一份爱的表达

对待那些爱过的人，每个人的方式尽管不同，但爱都是相同的。

正如张小娴在《思念往昔》说的那样："我只是在很多很多的小瞬间，想起你。比如一部电影，一首歌，一句歌词，一条马路和无数个闭上眼睛的瞬间。"

大家都在用自己的方式想念对方，尽管不能见到对方，但始终用自己的最大努力，去拥抱那些想念的人。

每一个仪式感需求的背后，都藏着一份爱的表达。

仪式感，
让我们活得更高级

暗恋，是青春最伟大的发明

暗恋，是青春最伟大的发明，只是，这种发明跟其他发明不一样，它没有专利权，随时会被人抢走。

它的存在，只是为了见证我们曾经有过的，最纯粹的岁月——必须要有一个男神或者女神，你的青春，才得以完整。

1

学生时代的你，暗恋过一个人吗？

假扮陌生人在网上和TA聊天。

制造偶然相遇或者故意让TA觉得你们很有缘分心有灵犀。

小心翼翼跟踪放学的TA，只为知道TA的详细住址，忍不住去TA的班级，和TA身边的朋友交友。

这个时候的你，纠结又矛盾，一方面想拥有TA，因为一个人的电影婉转但太无趣。可另一方面，神经质的爱让你害怕TA像一道光在你的生活里只能转瞬即逝，又怕交往后因为各种原因的悲欢别离。

就如同登山一样，最美好的是攀登的过程，等你爬到山顶，或许就会发现山顶一片荒凉，寸草不生，没有一只鸟飞过。

第五辑
每一个仪式感的背后,都藏着一份爱的表达

这样一想,你就更喜欢TA了。如同一个你永远到不了的山顶。

所以,暗恋总是有种莫名的兴奋,不表露,只在心底里享受这种美好。

2

高一时,默默在回家的路上见到一个相貌俊朗的男生,当时默默迷恋日本漫画,恰巧他很有日漫风,默默就对他一见钟情。结果上学的时候,班上来了一个转学生,那个转学生就是默默一见倾心的男生,最戏剧化的是,人家还是优等生。

默默被外形俊朗,成绩优异的他深深地吸引了,她就这么陷入了暗恋的漩涡中。

转学生叫赵远,在学校很快便成了风云人物。他还担任了足球队队长,操场上,他生龙活虎的身影随处可见。于是默默开始存钱,一点一点地抠早餐费,饿着肚子去上体育课,跑完800米几乎要昏过去。

终于,默默直冲耐克专卖店,挑了一双球鞋,她决定在足球赛后,亲手把球鞋送到赵远面前,如果赢了,就说是奖品,如果输了,就说是鼓励。

结束的哨音一响,默默疯狂地拨开沸腾的人群,直奔领奖处。喘着气,掏出手帕擦去脸上的汗和尘灰,把背上的书包拨到胸口来——却在此时,看见了赵远牵着一个女孩子的手,女孩子快乐而娇俏地笑着,手里捧着赵远的奖杯。

仪式感，
让我们活得更高级

默默在QQ空间写了一句话：暗恋，暗恋，还是暗恋！都是自找的！

当然她只设置了自己可见。

3

25岁时，默默穿着洁净的米色套装，带着亲切温和的笑容，化了精致的妆，踏进同学聚会的歌厅。一束束目光立刻集中在她身上。

默默看到了赵远，那张梦里萦绕过千百回的脸。眉宇间些许沧桑，脸庞的华彩却不减当年。他问起她的情况，说："现在的女孩子真能闯啊！你真能干。"这的确是真诚的赞美，用的却是客气而疏远的语气。

默默想要说点什么，比如说，你曾经爱喝的薄荷奶茶，比如说，你曾经最爱的白球鞋，现在深圳的天气那么差，或者是，我是否应该继续去读研……但赵远却已经走开了，过了一会，他抱起一个小男孩凑到默默跟前，说："叫阿姨！"

小男孩天真无邪地看着默默，可爱地一笑，然后奶声奶气地唤道："阿姨！"

默默打了个寒战，暗自想道："他的儿子在叫我阿姨？啊，按照本地的规矩，似乎自己要给这个小男孩红包！"为了表明一下小小心意以及鼓励小男孩的热情，于是，默默从口袋里掏出200块钱，递给小男孩。

第五辑

每一个仪式感的背后，都藏着一份爱的表达

人陆续到齐了，默默发现，这次同学聚会居然是两个班级联合在一起举办的，很多人对其他班级的同学原本就不熟，更别提现在了，酒桌上大家轮流起来介绍，说，我是谁，我现在做什么，单身还是已婚……默默突然觉得有点无聊。

喝酒喝高的时候，有个男同学站起来，高声说："下次参加聚会不准带孩子！一声叔叔阿姨叫下来，红包一泻千里，那可都是血汗啊！这不行啊，下次聚会就算没老婆，我也要租个孩子来！那可是财神爷，招财进宝啊！哈哈哈……"

酒席上的同学全部笑开了花。

笑着笑着，大家盯着酒杯，突然禁言。整个大厅突然安静下来。啤酒还在酒杯里滋滋作响，桌子上的菜未动分毫，大家就这样沉默着。

赵远突然站起来，尴尬地说，"老婆是护士，今天值夜班，孩子放医院实在不方便，就带这块来了……我先罚一杯。"然后，他一仰头喝干了一杯酒，接着说："我给兄弟姐妹们唱个歌吧！"

他唱了一首《北京东路的日子》。

开始的开始我们都是孩子

最后的最后渴望变成天使

歌谣的歌谣藏着童话的影子

孩子的孩子该要飞往哪儿去

当某天你若听见

有人在说那些奇怪的语言

仪式感,
让我们活得更高级

当某天再唱着

这首歌会是在哪一个角落

当某天再踏进

这校园会是哪片落叶……

不知何时,默默似乎听到了抽泣的声音,循声望去,好几个女生伏在桌上哭了。

4

大学时,大刘一直暗恋班上男生公认的女神,或许是迫于其他男生的压力,又或者因为不够帅等诸多原因,他一直没敢向女神表白。

但长久堆积起来的思念加上荷尔蒙的激增,使他终于冲破了自己心底的最后防线。大三的五一,他定了去北京的票,准备体验一下首都的人文和历史魅力。可就在这时,据可靠情报,大刘的女神在五一前一天,去上海,12点的车。

大刘临时改票。在五一这种高密度高人流的时期,他自然拿到的是站票了。上车后,一直从13号车厢穿越拥挤的人墙来到女神所在的5号车厢。大刘脸上的汗顺着鬓发一直往下流,直到渗进衣衫变为一摊摊的汗渍。

接下来,他跟傻瓜一样找了好半天才看到女神的座位,但见到女神,大刘立刻变成了怂货,愣了半天硬是说不出一个字出

第五辑
每一个仪式感的背后,都藏着一份爱的表达

来,冒了句:"好巧。你也在这里。"

女神淡淡地看着大刘,只是客气地回了一个字——"嗯。"

接下来两个人似乎都没话了,就这样,大刘尴尬地站了一路的火车。下车时,女神终于开了金口主动问:"你来上海干吗?"

"我……"大刘结结巴巴:"我……找……找,找同学,玩,玩呢!"

女神没说话,拖着行李就走,大刘殷勤地上前表示要送女神去住的地方,可他被高冷的女神狠狠地拒绝了。

不过这些都没有打击到大刘的信心,那次上海之行后,大刘脸上的笑容就没有冷过,就连吃个牛肉汤都不忘收敛一下。

如今,距离那次冲动的五一之行已经三年多。

"姐,她要结婚了。"大刘劈头来了一句。

我不用问也知道他口中的"她"是谁。

"她怎么就结婚了呢?我们才毕业多久呀!"大刘的声音在颤抖:"我还在想着,我现在什么都没有,但可以再努力两年,存点小钱然后去找她,不说送什么贵重的礼物,起码告白的时候,买得起像样的玫瑰花……"

说着说着,他就不受控制地哭了起来。

许久,我才问:"你怎么知道她要结婚了?"

大刘回答:"我今天在售楼部看到了她和她的男朋友,他们来我们售楼部看房子,接待他们的是我。"

仪式感,
让我们活得更高级

暗恋,是一种病,唯有见到对方才能获救,但也只是暂时的。

你可能奋不顾身过,但那不过是一个人的独角戏。

你以为能抓住全世界,但最终连表白的那些话都没敢说出口。

5

学生时代的你,暗恋过一个人吗?

是那个惊鸿一瞥的少年,又或者是互相斗气的同桌?是那个优雅从容的学长,还是阳光帅气的邻家哥哥?甚至是影视剧里面的帅哥美女,看着他们的俊颜美色,然后在睡觉的时候幻想着和剧中的人物来一段浪漫的邂逅?

当然,这些场景,大多数是你自我幻想出来的乌龙事件。

暗恋,是件孤单的心事,在这一场纯真的情感里,所有的爱恋不表露不作为。就像戴着耳机听音乐,即使对自己是包裹全身的震耳欲聋,在外人听来也不过是泄露的一星半点。

暗恋,是青春最伟大的发明,只是,这种发明跟其他发明不一样,它没有专利权,随时会被人抢走。

它的存在,只是为了见证我们曾经有过的,最纯粹的岁月——必须,要有一个男神或者女神,你的青春,才得以完整。

所以,如果某天,我遇见你,请原谅我不和你说一声再会,而在最深最深的角落里,试着将你藏起吧。藏到任何人,任何岁月,

第五辑
每一个仪式感的背后，都藏着一份爱的表达

也无法触及的距离。

我不曾说喜欢你，然而，你充塞着我的记忆。

请原谅在爱情中"逃跑"的那个人

与其盯着他的背影看，还不如果断地转身，给这段爱情画上句号。

1

徐茜一直困在一段剪不断、理还乱的感情里出不来。

邢冰的态度总是若即若离，其人也像神龙一样，见首不见尾。徐茜想打电话给他，可是又怕接电话的人会是他的女朋友，会因此给他造成麻烦。徐茜不想失去他，可老是这样有时自己也会觉得自己很无奈，她常常问自己："我真的离不开他吗？"

周一的下午，在咖啡屋里，他们又见面了。邢冰把咖啡搅来搅去，一副心事重重的样子。徐茜一直很安静地坐在对面看着他，她的眼神很纯净。咖啡早已冰凉，可是谁都没有喝一口。

他抬起头，勉强笑了笑，问："你为什么不说话？"

"我在等你说。"徐茜淡淡地说。

仪式感，
让我们活得更高级

"我想说对不起，我们还是分开吧。"他艰涩地说。"你知道，我这次的升职对我来说很重要，而她父亲一直暗示我，只要我们近期结婚，经理的位子就是我的。所以……"

"知道了。"徐茜心里也为自己的平静感到吃惊。

他看着她的反应，先是迷惑，接着仿佛恍然大悟了，忙试着安慰说："其实，在我心里，你才是我的最爱。"

徐茜还是淡淡地笑了一下，转身离开。

一个人走在春日的阳光下，空气中到处是春天的味道，有柳树的清香，小草的芬芳。徐茜想："世界如此美好，可是我却失恋了。"这时，刺痛感突然在心底弥漫。徐茜有种想流泪的感觉，她仰起头，不让泪水夺眶。

走累了，徐茜坐在街心花园的长椅上。旁边有一对母女，小女孩眼睛大大的，小脸红扑扑的。她们的对话吸引了徐茜。

"妈妈，你说友情重要还是半块橡皮重要？"

"当然是友情重要了。"

"那为什么小静为了李淼的半块橡皮，就答应她以后不再和我做好朋友了呢？"

"哦，是这样啊。难怪你最近不高兴。孩子，你应该这样想，如果她是真心和你做朋友就不会为任何东西放弃友谊，如果她会轻易放弃友谊，那这种友情也就没有什么值得珍惜的了。"母亲轻轻地说。

"孩子，知道什么样的花能引来蜜蜂和蝴蝶吗？"

"知道，是很美丽很香的花。"

第五辑
每一个仪式感的背后，都藏着一份爱的表达

"对了，人也一样，你只要加强自身的修养，又博学多才。当你像一朵很美的花时，就会吸引很多人和你做朋友。所以，放弃你是她的损失，不是你的。"

"是啊，为了升职放弃的爱情也没有什么值得惋惜的。如果我是美丽的花，放弃我是他的损失。"徐茜的心情突然开朗起来了。

人生有很多难以预料的事情发生，有时我们的爱人、我们信任的朋友也有可能伤害我们、背叛我们。如果他们选择这样做了，那么我们能够怎样呢？哭着质疑他们为什么要这样对自己吗？如果事情到了这个地步，质疑只是无用功，为什么要把自己的伤悲和苦痛展现给那些伤害自己的人呢？谁会在乎呢？

2

人都喜欢锦上添花，所以当你一帆风顺、蒸蒸日上的时候，有很多人愿意接近你。当你遇到困难、举步维艰的时候，很多人可能会离开你。这个时候不要抱怨，不要责怪人情薄凉。

对于曾经接近你的人，我们要感谢，因为他们给我们的"锦上"添了"花"；对于困难时离开的人，我们也要表示感谢，因为正是他们的离开，给我们泼了一盆足以清醒的冷水，让我们在孤独中重新审视自己，发现自己的危机，让我们有了冲破藩篱、更进一步的动力。

如果他们真的伤害了我们，那我们就要努力过得更好，在苦痛中开出一朵绚丽的花，让那些伤害我们的人知道，无论他们怎样伤害我们，我们的人生一样可以过得很辉煌。不要用别人的错误惩罚自己，我们受了伤，理应获得更多的幸福。

不要执着于他人的伤害，这样只会让自己越陷越深，学着放手，在落泪之前放掉手中扎手的沙，向幸福看齐吧！

3

李沐白与夏小熙相恋五年有余，按照原来的约定，他们本该在今年携手走进婚姻殿堂，但是，就在婚前不久，夏小熙做了"落跑新娘"，她留下一纸绝情书，与另一个男人去了天涯海角。了解李沐白的人都知道，他与夏小熙之间的爱情九曲十八弯，甚至有些荡气回肠。李沐白英俊帅气，风度翩翩，在香港科技大学完成学业以后，就回到了父亲创办的公司担任部门经理，管理着一个重要部门，由一位追随父亲多年的叔伯专门负责培养他、指导他。他行事果敢，富有创新意识，这个部门在他的管理下越发出色起来。

这个时候，追求他的姑娘、前来提亲的人家简直多得让人眼花缭乱，其中不乏当地的名门名媛，但他一概礼貌地回绝了，却唯独对来自农村的夏小熙情有独钟。那个时候的夏小熙不但长相甜美，而且思想单纯，相比都市里雪月风花、汲于名利的女人们，她恰似一朵雪莲花不胜寒风的娇羞，这份纯朴的美让李沐白十分醉心。

第五辑

每一个仪式感的背后，都藏着一份爱的表达

然而，受中国传统门当户对思想的影响，李沐白的父母对于这种结合并不认同，李沐白为此与家人无数次理论过，甚至愿意为夏小熙放弃现在的一切，只求抱得美人归。在他的坚持下，陈父陈母终于妥协了。由于夏小熙的身体一直不好，医生建议他们三年之内最好不要结婚，李沐白只能把婚期向后推迟。三年来，他一直精心照顾着夏小熙，给了她无微不至的关爱，夏小熙的身体渐渐好了起来。

随后，为了夏小熙的事业，李沐白又强忍着心中的寂寞，出资安排她去国外学习企业管理。在这五年多的交往中，可以说一个男人能做的，李沐白几乎都做到了。2007年，受国家货币政策影响，再加上人民币不断升值，陈家的公司受到了很大冲击。很快，公司的利润被压迫在一个很小的空间，后来，干脆成了赔本买卖。无奈之下，陈父只能申请破产。李沐白也由一个白马王子变成了失业青年。

任谁也没想到的是，就在李沐白最困难的时候，那个他曾给予无数关爱，那个他愿意为之付出一切，那个曾与他海誓山盟的女孩，决绝地提出分手，跟着一个英国男人去国外"发展"了。

公司破产，李沐白并没有多么难过，因为他觉得凭自己的能力，有朝一日一定可以帮助父亲东山再起，因为他觉得即便自己变成了一个穷小子，但至少还有一个非常相爱的女朋友。但是现在，他真的觉得自己一无所有了，曾有那么一段时间，李沐白非常颓废。

一个人独处的时候，李沐白反复问自己："我那么爱她，她为

仪式感，
让我们活得更高级

什么在这个时候离开我？"最后，他不得不接受一个残酷的事实——她太功利了，她不会跟一个身无分文的穷小子过一辈子！究竟是她变了，还是原本就如此，此刻已不重要。重要的是，接下来该做些什么。

冷静之后，李沐白意识到，自己必须努力了，否则才是真的一无所有。女友无情的背叛也让他对爱情有了新的认知，他懂得了，爱并不是一厢情愿的冲动，有的人并不值得去爱，也不是最终要爱的人，所以放手，放任她离开，但不要带着怨恨，那只会让自己的内心永远不得安歇，为那个不爱自己的人徒留下廉价的伤感而已。

不久之后，李沐白找到了父亲的一位老朋友，并以真诚求得了他的资助。用这笔资金，李沐白在上海创办了一家投资公司，他又是学习取经，又是请高人管理，公司很快就走上了正轨。现在，李沐白又积累了一笔不小的财富。

在那位叔父的撮合下，李沐白又结识了一位从法国留学归来的美丽姑娘，两个人一见钟情，很快确定了恋爱关系，双方的父母也都对彼此非常满意。

如果当初那个女人不离开他，或许李沐白就不会有如此大的动力，或许他会去做一个高级打工者，一样能过日子。但是，她离去了，一段时间内，李沐白一无所有，这给了他前所未有的危机感。这种危机感鞭策着他必须去努力，似乎是为了证明些什么，但其实更是为了他自己。

第五辑

每一个仪式感的背后，都藏着一份爱的表达

4

曾经受过伤害的人，在孤独中复苏以后，会活得比以往更开心，因为那些人、那些事让他认清自己，同时也认清了这个世界。

人的一生很短暂，最美丽的光阴只是其中的一瞬。在这一小段时光中，你已经错遇了一个人，那么，此刻你应该做的是果断转身，寻找对的人，而不是把这段时光完全地浪费在这个人身上。

如果有人曾经背弃了你，无论他是你的恋人还是朋友，别忘了对他说声"谢谢"，因为正是这次背离，才让你更坚强，更懂得如何去爱，也更懂得如何保护自己。

那都是很好很好的，可是我偏不喜欢

最漫长的爱，其实是与自己相爱。但如果某天，我遇见了你，会邀请你与我一起跃入海洋。但如果你一直不来，我也会认真做好每一天分内的事情。

仪式感，
让我们活得更高级

1

杨蜜到西安找我的那年，我33岁，她32岁。放下箱子，她的电话就响了，她当我面接起，声音很大："都说了叫你们不要再介绍已婚的给我了，太过分了，太不尊重人了！"

一开始我以为是七大姑八大姨，她倒在我的沙发上说："才不是呢，是交友网站。"我一怔，然后忍不住大笑起来："你几时沦落到要去交友网站？"

她说："我也不想的，我妈妈逼的！"

33岁的杨蜜是北京一家跨国企业的白领，研究生毕业后没几年，她就已跻身公司的中层。但事业有成的她却一直没找到自己的"另一半"。这些年，追求她的人从没断过，但却始终没有碰上合适的。在杨蜜看来，不是学历不够，就是长得不帅；不是不够体贴，就是缺少男人气概。一来二去就拖了下来，成了一个实力派"剩女"。

挑挑拣拣直到自己被剩下，杨蜜才有了紧迫感。家人总是提醒她别再挑剔了，朋友更是好心劝她，还拿各自男人身上的缺点来举例，"你看，我们每个人的老公都不是完美的，都有一些小缺点。小洁的老公不爱干净，但从不会忘记重要纪念日和她的生日；小青的老公收入不高，但是非常疼她……"

杨蜜敷着我的面膜，吃着我的薯条声泪俱下："凭什么女人一过30岁就要落得如此下场啊？凭什么他们只知道'结了么，生了么'，我哪里是挑剔了！"

第五辑
每一个仪式感的背后,都藏着一份爱的表达

我翻她老大白眼:"谁绑着你的脖子,逼你必须去爱?"

她说:"可是一个人也会觉得很难过,比如说某天晚上加班,同事的桌子上有两个旺旺仙贝,我就顺手拿了,出门遇到另一个部门的大姐正在热饭,丈夫给她送来的,那梅菜扣肉叫一个香啊,她问我,'你晚饭吃什么?'那时候我心里很难过,真的很难过。"

2

一个女人,如果她不排斥男人的约会邀请,哪怕只是出去吃个饭或看场电影,她成为剩女的概率便不会太大。

所谓剩女,通常思考的时候比行动的时候多,单身的时候比恋爱的时候多,并且单身的时间越久,这种状况越明显。她们认为自己已经没有多少青春可以用来挥霍与浪费,于是希望目标明确,每一场约会都不落空。

菲菲在上大学的时候就盘算着自己一毕业就马上结婚,可大四那年,学校给了她一个保送研究生的名额,那是一所很好的高校。菲菲和家里人商量后,大家都认为现在结婚太早了,不如再读几年书,说不定今后还能遇到更好的人。但菲菲还是放不下男友。母亲劝她说,一结婚可就被套牢了,生完孩子更是什么自由都没了。

就这样,她和男友分了手,去了离家很远的城市读研。之后又读博,最后就留在了这个城市。工作了一年多之后,菲菲发现

仪式感，
让我们活得更高级

自己已经是"奔三"的人了。虽然也有亲戚朋友帮她介绍男朋友，但她始终忘不了大学的男友。而且现在她的顾虑也更多了，要考虑对方的家庭背景、教育情况、性格……

随着年龄的增长，菲菲也谈过两次恋爱，但是无论对方怎么用心，菲菲心里总是觉得不如意。虽然一起吃饭、看电影，但总觉得身边坐了个陌生人。

现在的菲菲已经35岁了，索性就不再提相亲的事儿，菲菲软件硬件皆不差，有份好工作；有体重秤上十年不变的身段，对抗岁月的腐蚀；有股票房子，买昂贵护肤品时不用看男人脸色。但凡是有人苦口婆心劝说她"不要太挑剔"的时候，她笑着说："不是他们不好，只是我不喜欢。"

简简单单一句话，倒是一剑封喉。渐渐的，大家也不那么在乎菲菲什么时候"脱单"了，她过得很快乐，身边交往的有60后、90后的各色朋友。

是的，退一步海阔天空的道理，我们当然也不是不知道，可是，都坚持到这个份儿上了，却还是要妥协，那早干吗去了呢？

我一直很喜欢《白马啸西风》里的结束语，画面感十足："白马带着她一步步地回到中原。白马已经老了，只能慢慢地走，但终是能回到中原的。江南有杨柳、桃花，有燕子、金鱼……汉人中有的是英俊勇武的少年，倜傥潇洒的少年……但这个美丽的姑娘就像古高昌国人那样固执——'那都是很好很好的，可是我偏不喜欢'。"

是啊，即使再好，我不喜欢的，还是不喜欢。

第五辑
每一个仪式感的背后,都藏着一份爱的表达

3

杨蜜今年36岁,我37岁,我们又见了面。这一次,是我奉命陪她去上海相亲。之前,我还开玩笑说,你不怕我和你同时看上一个主儿,导致姐妹反目吗?

结果一到上海,那阵势把我吓坏了,人民广场上人山人海,无数爹妈摆摊,帮助子女来相亲,举着牌子,拿着手机……若不是亲眼见到,我一定以为是天方夜谭。

我想,忙得停下来寻找一个爱人的时间都没有。那么,这么忙的人是否真能把工作做得有条不紊,他们将来能静下心来爱护自己的家庭吗?

对于独立而又成熟的都市女性来说,要你在男人面前扮天真,告诉他没有你我就活不下去,显然太夸张。就算你恨嫁恨到骨头里,也不会将这样的大海捞针,当成自己的人生目标吧!

与其卑微地去祈求别人的爱,还不如爱自己多一点。

我曾经看过一个采访,采访一个开饭馆的女人,问到她的成功秘诀,她说:其实开饭馆很像女人找对象,一定要有自己的当家菜,才能做成功。不能一直看隔壁,人家川菜做得火,我们也做川菜;过两天粤菜火了,又赶着进生猛海鲜;再过一段时间,湘菜进京,又开始烧红烧肉。最后弄来弄去,就会失去自己的特色,没有特色就留不住人。

没错,生命是自己的,要为自己而活,以自己的本色活着就是对生命的最大尊重。

仪式感，
<small>让我们活得更高级</small>

卡耐基说："爱的第一步，不是如何去爱别人，而是要学会爱自己。"

女人要爱自己，首先要让自己自由，时时倾听自己的心声，与自己对话，诚实地面对内心深处的各种欲念。这样，当我们置身于各种人、事、物中，才不受约束，才能完全保持平衡。当我们能用这样的态度爱自己时，就能真正了解爱的意义，而且有能力去爱其他人。

每个人靠近我们都带着他宿世的要求和责任。如果无缘，就不会在茫茫人海中交际。如果缘尽，就会断然放下再无牵挂。如果心还在背负困难，就说明时间还没有到。扛着它走，不要对抗，不要推卸，不要控制，不要试图解决。背着它一直往前走。

现在如果有任何人问我关于结婚、单身、恨嫁的问题，我都会这样说。

我一直觉得，真实的生活即是不索取无关的远景，不纠缠于多余情绪和评断。不妄想，不在其中自我沉醉。不伤害，不与自己和他人为敌。不表演，也不相信他人的表演。

最漫长的爱，其实是与自己相爱。但如果某天，我遇见了你，会邀请你与我一起跃入海洋。但如果你一直不来，我也会认真做好每一天分内的事情。

第五辑
每一个仪式感的背后,都藏着一份爱的表达

在单身框出的自由领域里,认真地活着

并不是所有的单身都拥有快乐,但快乐的单身者必定是那些态度分明、头脑清醒的人。

单身,表明了一种立场:是在一切思考透彻之后做出的选择。意味着要学会放弃,意味着担当全部生命的勇气和力量。因此,不抱怨,不迷失,才能在单身框出的自由领域里认真地活着。

1

说来惭愧,上小学、初中、高中的时候,特别是有了朦胧的初恋后,从来没想过"单身狗"会是一个流行词汇。那个时候,社会上流行的叫法是"大龄未婚青年",再过段时候,流行的是"单身贵族"。

后来,我们上大学,谈着属于自己的恋爱。毕业面临着爱情与事业的抉择,分手换来一份属于自己的事业。面对现在激烈的社会竞争,我们开始选择投入,爱情与我们几乎绝缘。遇到心仪的对象对我们来说简直是一种奢望。因为,没有时间、没有精力、没有足够的欲望去全面了解一个男人,随之而来的便是一种对

仪式感，
让我们活得更高级

他人的愧疚，对自己的不解……

什么时候，单身变成了"狗"？

2

周日的下午，闺蜜有约会，没有约到朋友，只能一个人泡在咖啡厅喝咖啡，顺便读本小说。这里有很多笔记本涂鸦还有留言。

我看到有个女人的随笔涂鸦很有趣，她写道："像我这个年纪的女人，一直嫁不出去，想来想去也许只有出家一条路了！因为我一点不漂亮，我至今没有遇到爱我的人，最近一个长相奇丑的家伙追求我，也不明白是为了什么。我暗恋的人依然多一眼都不会看我，在交友网站认识了很多人，大家谈感情总能谈得热火朝天，谁知道他们是不是耍耍我而已。我的职业前途也是一片灰暗，即使这样暗无天日我还被发现知道了老板的秘密，更是没有活路了吧！事业和婚姻，一事无成，要么和不喜欢的人混生活，要么我出家算了。但是去年我去过一次寺庙，有个和尚说我为尘世困扰着，显然尘缘未尽，意思是让我少打佛祖的主意……"

我笑得眼泪都快流了出来，笑过之后，开始想自己的境遇。我也没有男人做后盾，如果不努力奋斗，便会被别人踩着肩膀上位。而这么冲着，便没有了多余的时间和精力找男人。男人如同登山过程中的空气，你爬得越高，它就越稀薄。

第五辑
每一个仪式感的背后，都藏着一份爱的表达

3

我的朋友谢飞跟我说："上周五中午在洗手间，隔着小门儿，听到我们部门的两个小姑娘和市场部的一个职员聊天，说羡慕她有一个男上司，不用天天看老女人的臭脸，居然还说我这样的女人注定嫁不出去了……我差点踢开门向她们发飙，最终还是忍住了。"

然后她又说："要么，也许这周哪天中午可以用部门的公款请大家吃个饭，以慰劳同事们上周五加班到晚上的辛苦？"

说完她就又立刻身轻如燕，准备投入周一的战斗中去了。她说："上个月部门新招了一个男助理，这都一个月过去了他的表现还是让我不满意。"

呵呵，是啊，如今招个好下属都这么难，更别说找个好男人了！

可是找不到好男人就一定不快乐么？

谢飞说："我知道在公司里我的绯闻也不少，但大家就认定我嫁不出去。我知道那是因为我在别人眼里是一个强势的女人。在我心里，我自己也这样认为。因为和朋友在一起我总有保护人家的冲动。就连和男朋友谈恋爱预定餐位我都不放心，要自己亲自来。所以就分手了，至今没有结婚我也觉得是自己的性格使然。"

"可绯闻是绯闻，结婚可跟这些男人没什么关系。我只能说，有人在我心中美好过就够了，一段感情中间发生了什么故事不重要，只要过程美好就好了。"

仪式感，
让我们活得更高级

4

很多女人追求稳定的感情、婚姻，目的却是成家以后，她就可以专心地发展事业了，有了已婚的身份，可以挡掉工作中不必要的异性骚扰，或是反过来看，她所选择的这份爱情或婚姻，在某些资源上能帮助她的事业。

不信，你可以随便问一个女主管，愿不愿意为了爱情放弃工作专心在家，我想很难，以为爱情难久远，事业永流长，换男友的速度比换工作要快，干吗跟自己的钱过不去？婚姻与事业，现在已经有越来越多的女人选择后者，就像剧集《欲望都市》的完结篇，女作家凯莉最终还是离不开她事业的重心——纽约，于是舍弃身在巴黎的艺术家男友，而回到纽约爱人的身边。

现在，爱情已经不是一个女人幸福和满足的唯一理由，现在女人要的更多。不单是作为女人最基本的生理与心理要求，更有作为一个人的社会性的、自我价值的满足。作为现代女人，要爱情还是要事业，已经有权力和条件来选择，不像过去的传统女性，她们是没有条件控制这两个有限的选项的。

我的一个女摄影师好友就曾这样形容过她的事业与爱情，只要她手上还握有伸缩自如的长镜头相机，她就满足了。

结不结婚本就是个人自由，单身怎么就成了被攻击的目标了呢？怎么就成了"狗"了？难道全世界人的价值观都认为，不结婚的女人很可悲吗？在没有爱情的同时，父母、同事甚至是已婚的同龄人都不能理解我们为什么会那么快乐？

第五辑
每一个仪式感的背后,都藏着一份爱的表达

5

我们是单身啊。

但是,我们会在咖啡厅很疯狂地抢撕一本时尚杂志,我们会为彼此加油打气,也会为对方的工作献上一点小计谋,男人是我们聚会中永远的话题,而实际上,我们连恋爱的对象都没有。一闭眼,全是老板今天说什么了,明天要发多少个邮件,要见哪个客户,后天去哪里出差……

当然,每个人都不能时刻保持快乐,或者忙碌。一个人的时候,有时候回忆旧情,嘴角也会微微上翘,稍有停息,依然会被两行泪无声无息地灼伤,美好曾经与我如此的接近,那些年,我们一起说过的梦话,依旧在掌心紧握。

并不是所有的单身都拥有快乐,但快乐的单身者必定是那些态度分明、头脑清醒的人。

单身,表明了一种立场,是在一切思考透彻之后做出的选择。单身,意味着要学会放弃,意味着担当全部生命的勇气和力量。因此,不抱怨,不迷失,才能在单身框出的自由领域里认真地活着。

仪式感，
让我们活得更高级

你是我永远舍不得套路的人

　　所有的感情套路都像复制粘贴，一句我爱你还是我心底深刻的烙印。如果我的深情留不住你的人，我出套路，得到的也只是你暂时的心。

1

　　很多人说："看你的朋友圈，觉得你是一个很懂得恋爱套路的人，但是为什么你一直单身呢？"

　　我反问："我哪里很懂恋爱套路？或者说，何以见得我很懂？"

　　他们说："你都有写啊。"

　　于是有朋友整理出我的一些被讥笑为"不说人话"的文字：

　　纯情版：我用希望喂养绝望，仅仅是试图信你下一次不再让我绝望。

　　现实版：男人年轻的时候往往喜欢漂亮的女子，25岁以后，会选择和自己性格合适的女子，能和自己一起过日子的人。

　　还有这样"看破红尘"版的：没有谁是我们一生非拥有不可的，爱一个人，很多时候实际上是习惯了这个人。

　　也有这样"心灵鸡汤"的：任何只顾疯狂爱人而不顾自己是

第五辑
每一个仪式感的背后，都藏着一份爱的表达

否被爱，或是只顾享受被爱而不知真心爱人的人都不会有好的结局。

这些云里雾里的心情文字，在这之前，我一直以为是一些虽然免不了矫情，但却是纯粹的文字快感，在这之后，我才发现，哦，原来我所谓的真情表达，在别人眼里，都是套路啊。

2

我的女友，这样对我说她的初恋：

"读大学的时候，他是那种打篮球引起全校围观，笑起来眼睛会放电的男生，每次他打完篮球后，我和下铺就在操场边等着他，好几次，他会买两杯冰激凌给我们，而我总是，把其中一杯给他，自己再跑去买一杯。后来，他和我的下铺走在一起了，他说，你独立，而她，太需要我照顾，我想你不会太难过。"

那是一个没有月亮的夜晚，我们坐在咖啡馆里，女友此刻已经是一家台企的工程师。她抬起头看着我，轻轻一笑："自古深情留不住，总是套路得人心。"

唉，套路到底是什么？

其实我原本也不是太过于反感这个词。但我所理解的"套路"，无非是恋爱中某些时刻的"情商"。毕竟谁也不会喜欢不解风情而又固执己见的人——这很正常啊，我们工作中不喜欢，社交中不喜欢，恋爱中就更不喜欢了。

但现在的所谓套路，却变成了用技巧维持和异性的暧昧

仪式感，
让我们活得更高级

关系。

比如说，在他老套地指星星指月亮承诺许愿的时候，千万别真的要求他把月亮摘给你，或者兑现答应你的太空蜜月旅行。你只要装作同样老套地看着他的眼睛，装作自己相信所有的神话和奇迹的样子，他就会心花怒放。

比如说，他不小心在你面前出糗，比如说错话、摔跟头、露怯或者是犯傻，你要装不知道、没看见、没听清楚或者干脆没听到，以便从容不迫、避实就虚，快速地转移话题，迅速地移开视线，保留他小小的虚荣心和避免随之而来的尴尬场面。

再比如，你明明对他那一帮狐朋狗友讨厌透顶，或者是对他那些不懂礼貌的亲戚实在爱不起来，你也要装成笑脸相迎，以礼相待，给他留足颜面。

不要诧异，在这个视情场如战场的年代，那些从来不懂套路的单纯羔羊，只会被最先淘汰。

起初对方每天和你聊天，用尽表情包套路你，当你上套后，你天天握着手机盯着屏幕给对方秒回，他每日留言说早安晚安。

原来他知道，伸出手你肯定不会跟他走，于是他伸出腿把你绊了一跤，你果然站起来追着他跑。

可是啊，所有的感情套路都像复制粘贴，一句我爱你还是我心底深刻的烙印。

如果我的深情留不住你的人，我出套路，得到的也只是你暂时的心。

第五辑
每一个仪式感的背后，都藏着一份爱的表达

3

世界变化得太快，很多人习惯了人来人往，从最开始的懵懂逐渐变得套路满满，只谈情不说爱，自然可以进退自如，运筹帷幄，而当你想爱一个人的时候，你就发现自己身处兵临城下的境地，身不由己。

——我怎么会这么紧张？他是不是知道我吃醋了？

——一顿饭吃下来什么情况都没摸到，说的话没超过10句，她会觉得我很闷么？

——啊！竟然什么撩汉套路都没！用！出！来！

凯凯是我身边一个"说教型"的朋友，37岁离婚，离婚后在情场依旧如鱼得水，总是把她的"过来人"经验对我"倾囊相授"，"果啊，你的毛病就是太较真，男人就需要给他们吃点苦头，越难得到的越会珍惜……"似乎为了"现身说法"，每次我和她在一起吃饭的时候，她都会几次把响起的手机按成静音，然后得意一笑："那傻帽儿，让他多等一会，急一会……"

对于她这样的做法，我蛮反感的，但是呢，事不关己，己不劳心。反正我权当是蹭饭吃。

忽然有一天，很难得的，凯凯约我去西餐厅，说："有个男人，想让你帮参谋一下。"

我看看表，下午5点半，问："他什么时候来？我晚上9点还有个会要开呢。"凯凯说："我不知道啊，我只是这么想，但是我不知

仪式感，
让我们活得更高级

道怎么约他，你帮我想想。"

我倒吸一口冷气："你会不知道怎么约男人？你身边的男人不是都排队抽号吗？"

凯凯抓起加柠檬的冰水一口气喝下大半杯，说道："那是因为我不喜欢他们啊，所以才可以肆无忌惮出套路，想怎么着就怎么着啊！可这个不同哦，真的不同，你看了就知道了！"说着她拿起手机发了个微信："我在×××餐厅吃饭，你吃了没，要不要一起？"脸上是一副花痴的表情。

过了会对方问："都有谁啊？"

凯凯说："没谁，我和一个女朋友啊。"对方说："你们女人的约会，我就不打扰了。"

凯凯顿时一脸沮丧："我怎么会说这样的蠢话！他是不是知道了什么，是不是不喜欢我，所以不愿意见我的朋友？"

原来，任何情场高手真正用心的时候都会不知所措，瞬间变回新手上路。

心跳加快的时候，我们都无法有条不紊地使用各种套路。

4

一男性朋友跟我说，要是他真的喜欢一个女孩子，是不会轻易和对方发生关系的。套路他有无数种，但是，他更想跟她一直待在一块，吃饭、散步、聊天、谈理想、谈人生，从他的上司一直谈到天气、物价、政治，就是不谈我爱你。

第五辑
每一个仪式感的背后，都藏着一份爱的表达

男人对不喜欢的人可以有无数撩妹套路，有事没事就使出套路，中了固然好，不中也是无伤大雅。而对喜欢的人只有患得患失，那局促不安，小心翼翼，笨嘴拙舌，犹如华山思过崖上几次想要抱小师妹入怀，却只敢脱下外套给她披上的令狐冲。

手段精明是把你当猎物，笨手笨脚才是把你当爱人。

不论男女，不论你恋爱经历多么丰富，总有那么一个人，让你使不出套路，如果你靠近TA的时候，有种手足无措的感觉，TA让你营地失守、城门洞开，老江湖变小白兔……那99%的可能就是，TA是你的真爱。

当然，也不排除剩下1%的可能是你喝多了。

我也知道，你给我留言的时候，我要装成很忙的样子，但我还是忍不住擦干了沾了一头洗发水的手，秒回你的消息。

我也知道，我要在朋友圈里晒一下我的生活动态，让你知道我没有你也过得很好，但我还是忍不住要写上对你最纯粹的想念，那些不知所云的文字。

我也知道，在你说"我和她没什么"的时候，我应该出套路说："这有什么？你想多了，我正在和几个哥们喝酒呢。"但我还是忍不住要说："如果你再和她喝酒，我会和她拼酒的。"

是啊，我有无尽的套路，只是我真的无法用在你身上。

因为我还是愿意纯粹地爱着你。

仪式感，
让我们活得更高级

你所看到的美丽，未必就是幸福

无论男女，婚姻对于他们来说，都是一辈子的事。所以，有一段美满姻缘，过幸福快乐的日子，是每个人的心中所想。然而，婚姻是盛放两个人真诚情感的花篮，不是幸福的衡量器。有时，幸福只需降低姿态即可。

1

最近，有个年近30岁的单身女子对我说："我现在没得选择了，干脆随便选一个结婚得了，父母的催促和周围人的目光，真的太让我困扰了。"

我是这样回答她的："结婚是你的事，和父母的意愿与周围人的目光无关。与其现在想拥有一段婚姻关系去应付周围人的想法，不如问问你自己，那是否是你愿意的。"

也许，在周围人的眼里，她已经是名副其实的剩女了，再过几年若还不结婚，也许还会成为他人眼中的问题女人。但是，婚姻不是为了填饱肚子。饿了的时候，粗糙或者精细的食物都能达到填饱胃部空虚的需求，而且，人的生理机能注定每隔几个小时就必须进一次食，但婚姻可以如此吗？想要的时候就顺手抓来，

第五辑
每一个仪式感的背后,都藏着一份爱的表达

显然不是那么容易的事。

她说:"可是,我真的很羡慕别人温暖的家庭。"

我笑了:"那你又怎么知道,别人何尝不羡慕你的独立自由呢?"

2

在一次和朋友聊天时,我们说起婚姻,谈到古人最为典范的婚姻模式:山无陵,江水为竭,冬雷震震夏雨雪,天地合,乃敢与君绝!

我们感叹:从前的婚姻流行夫唱妇合,夫妇同心同德。但翻开娱乐新闻,明星事件五花八门,而他们的婚姻状况更让人啼笑皆非。纵观周围,不得不承认生活中的假面夫妻现象已经成风,大有普及天下之状态。

记得有一天,一个非常熟悉的朋友给我打来电话,向我诉苦说:"我真的非常郁闷,我觉得我跟我老公之间已经没有爱情了。我们对彼此的身体已经不感兴趣。我们肯定是出了天大的问题,有时候,我们甚至一星期都不说一句话。很多的时候,都是他做他的事,我做我的事,就像是两个漠不相关的人住在同一个房间里。我们的关系奇妙而让我啼笑皆非,我们俩像是一个合作社,义务就是共同抚养孩子。说实话,我心里非常不舒服。但更让我难堪的是,每到他的单位或者我们双方的亲戚间有了什么事,非得我们出面时。我却又不自觉地穿上华丽的衣服,脸上装得幸福

仪式感，
让我们活得更高级

万分的样子，挽着他的胳膊出席各种场合。说实话，我都在心里骂自己，可我又下不了决心离婚。我郁闷透了，说不定哪一天，我们就会发疯的。"

并不是鲜花盛开的地方就是天堂，而你所看到的美丽也未必就是幸福。

好友小李，从小就聪明伶俐，小时候我们在一起玩耍，一旁的大人们总是预言："这些孩子们，估计也就小李将来有出息！"

正如他们所言，小李一路走来，凭着自己的要强和聪明，从重点高中到名牌大学，然后直奔深圳，很快在那个城市有了自己的一席之地。几年的时间里，小李在那里购房买车，结婚生子，过着幸福的生活，一切看上去都那么一帆风顺。同学聚会的时候，大家都羡慕她的风光和成功。

没想到小李却叹了口气说："我真羡慕那些生活在小城的人们，他们看上去过得很平淡，无风无浪，那是一种宁静的幸福。我是有了自己的车、房，丈夫也能干，孩子也乖巧，似乎一切都很如意，但我心理压力要比你们大得多。在大都市里，我总有一种孤军奋战的感觉。除了做好工作，还要应对各种人际关系和处理许多意想不到的麻烦；回到家里还要上得厅堂，下得厨房。每天一睁开眼睛，压力就摆在面前，怕失业，怕周围纷扰而冷漠的人际关系……总之，那里的一切就好像是个大漩涡，我不停地运转着，已经头昏脑涨，但却停不下来。有时候，我真想抛下那里的一切，和老公孩子一起回到乡下去，过那种宁静的、纯朴的，炊烟袅袅的生活，那才是真正的世外桃源般的生活。"

第五辑
每一个仪式感的背后,都藏着一份爱的表达

小李说这些话的时候,眼神中透露着无奈,这确实是现代都市生活的真实写照。

繁华的大都市,就如一个飞速旋转的大舞台,置身其中,停不停不是你个人的事。每个人都要拼命地奋斗、付出,才能达到自己理想的生活。疲惫过后,拥有了你想要的,在静心品尝果实时,心里的甘甜恐怕已经覆盖不了长久的苦辣。这对于人类来说,其实是一种伤害,看不到伤口,却已伤及骨髓,让人痛不可言,却又无从诉说。

3

子非鱼,安知鱼之乐?什么是人生真正的幸福?这个问题,一直是个哲学命题,因为对于每个人来说,答案都可以不同。

然而,对于女人来说,她们的幸福是家庭、健康和爱。拥有一个幸福美满的家庭,对于她们来说太重要了。在家庭、健康和爱中,用她们的智慧和心怀,与身边的人一起共同进退,荣辱与共,同看每一片云卷云舒,携手每一段花开花落的日子。

《圣经》里说:女人是男人身上抽下的一根肋骨,所以,每个男人终其一生都在寻找自己丢失的那根肋骨,而女人也在努力地寻找属于自己的那个男人。

一个男人和一个女人的相遇,是爱情;他们的携手,是婚姻。无论男女,婚姻对于他们来说,都是一辈子的事。所以,有一段美满姻缘,过幸福快乐的日子,是每个人的心中所想。然而,婚姻是

仪式感，
让我们活得更高级

盛放两个人真诚情感的花篮，不是幸福的衡量器。有时，幸福只需降低姿态即可。

背负着婚姻失去自我的人，是太过于依附婚姻所带来的安全感，认为只要走入婚姻，一切就都四平八稳了，急于把自己的一切都奉献在婚姻中。

苏东坡有一句诗：高处不胜寒。站在高处，你可以看到别人看不到的景色，但高处的孤寂、清冷更甚于低处。所以，当那些白领手捧花篮的时候，未必捧着幸福，说不定只是用鲜花装扮的一份不为人知的孤寂和清冷。

也许你仍未寻找到自己的真爱，仍旧彷徨在爱情和婚姻之外，但是外人的目光和议论让你有些难过。这时候，为自己在心里转个弯：既然遇不到自己的梦中人，何必为了他人的目光和议论而仓促地选择一份爱情或者婚姻呢？你的生活又不是他们在过，何必去在乎？做好你自己，才能得到自己内心的安宁。

第六辑

唤醒内心的尊重

违背承诺、出言不逊、敷衍他人……有什么关系呢?这是现在人的想法。即使画过押、立过誓、交换过戒指……我们对仪式本身都抱着越来越随意的态度。

婚姻需要仪式感保鲜,职场需要仪式感敬业,人与人之间,更需要仪式感来唤醒我们对于内心的尊重。

对生活的每个细节都严格自控,将一举一动都当作修行的人,内心一定有某种信念。

仪式感，
让我们活得更高级

在不了解情况时，请亏待一下你的嘴

人与人之间的关系如此复杂，因此，在与人聊天中，你若不知事情所包含的内幕，就不要信口开河。

1

在某一次朋友聚会上，小梅讲起她大学一位教授的秘密时说："我们那个哲学老师十分好色。听说他有三个老婆，一个在香港，一个在加拿大，另外一个就是现在和他在一起的妻子。我们毕业的那段时间，听说他又要离婚，打算娶我们学校的一个女老师。"

陈菲实在憋不住了，问："你为什么这么清楚？"小梅说："大家都知道啊。"

"大家是谁？""学生们呐。"

直到后来，陈菲问她道："小梅，你知道我是谁吗？"

小梅有些迷惑，说："你不是陈菲吗？"

"我是你说的那位教授的女儿！"

小梅窘住了。

你要明白的一点就是，你所知道的关于别人的事情不一定可靠，也许还有许多隐情你不曾了解。如果你贸然拿你听到的片面之言宣扬,不是颠倒是非,就是混淆黑白。话说出口就收不回来了,一旦事后你彻底地明白了真相,你还能进行更正吗?

2

总公司的市场经理祝彦初次来办事处指导工作,中午请部门同事一起吃饭,席间谈起一位刚刚离职的副总韩绍华,入职不久的李乐心直口快地说韩绍华脾气不好,很难相处。

其他同事急忙打圆场,祝彦说:"是吗,是不是她的工作压力太大造成心情不好?"李乐说:"我看不是,三十多岁的女人嫁不出去,既没结婚也没男朋友,都是这样心理变态。"

闻听此言,刚才还争相发言的人都闭上了嘴巴。因为,除了李乐,那些在座的老员工可都知道:祝彦也是待字闺中的老姑娘!好在一位同事及时扭转话题,才抹去祝彦隐隐的难堪,事后得知真相的李乐为这句话后悔了好久。

特别与初次见面或不是十分熟识的朋友接触时,谈话的内容一定要加以甄选,不能口不择言,随便说话。必要时要保持沉默。一旦因为对对方不了解而触犯了人家的忌讳,或者言者无心得罪了别人,就会造成难以挽回的结果。

3

张萌大学毕业在一家私企做技术专员,一天在办公室里和

仪式感，
让我们活得更高级

同事聊天，偶然聊起了做上司好，还是做员工好的问题。张萌就说："要我选择，我还是选择做员工，做上司也挺累的。比如我们的顶头上司吧！他的上头还有领导，别看在我们面前很牛，在他的上司面前，不还是要点头哈腰的？和一条狗一样。一个人两种姿态，怎么想怎么别扭！"

张萌的同事笑着说："但是，人家的工资比咱们高呀！人家有权利，咱没有呀！"听到这里，张萌不屑地说："那都是一时的，我说呀，要是哪天公司不行了，第一个该辞退的就是他！因为他比我们拿的工资多，但是技术上的东西却一点不懂！你说哪天公司不行了，公司是要他，还是要我们？"

张萌以为听到这话同事们都会笑起来随声附和，结果却发现没有一个人在笑，大家都在认认真真地低头干活。张萌没有发现此时正站在她身后的上司，还在说："你们别不信，我有个朋友开的公司就是这样，前期做领导的一个个都牛得不行，当公司陷入低谷，第一个倒霉的就是那些做领导的！"

张萌说得激动，手一挥正好打在上司身上，一转头，上司正怒气冲冲地对着她。张萌心里顿时凉了一截。

张萌的上司不动声色地宣布："我是来向大家宣布一个消息：刚才总经理开会说我们要在两个月内裁员两名，我一直在想，我们大家都挺努力的，裁谁好呢？"这时张萌发现大家的眼光竟然一起冲向了她。结果不到两个月，张萌就被辞退了，此时张萌才明白，不管在哪里，提上司的软肋都是致命的错误！

第六辑
唤醒内心的尊重

4

说不定听你说话的人，就是你正在贬低的对象，如果这个人又是你即将合作的客户，或者你的领导的某位亲戚，那么你无意间就为你的事业设置了一个障碍。

在和别人交谈时，听别人说了一半的话，便开始发表自己的见解，殊不知，你听到的只是上文，下文才是对方真正要表达的意思。

或者，在某些场合，你口无遮拦地说了一大堆别人的不是，没想到在场的人中，正好也有相似的缺点。在你滔滔不绝地对此大加发表看法的时候，别人其实早已对你不满，甚至对你恶语反击。

还有些人，喜欢把听来的小道消息添油加醋地到处宣扬，虽然你并没有恶意，可是在你不经意中给别人造成了极大的伤害。这个时候，你再想挽回，已经为时太晚，你因此而失去别人的信任和友谊。

语言是人类交往的工具，我们依赖语言这个工具相互沟通，表达我们的情感，但它同时也是误会和争吵的开始。

一天之中，你的每一句话不可能都是经过思索才说出口的，对那些与你关系不大的人，乱开几句玩笑，随便说点笑话，可能不会产生什么严重的"后果"，可假若对方是你的爱人、你的上司、你的客户，一切都不同了。任何不经大脑而"随便说说"的话，都有可能给你的家庭或者事业带来障碍。

所以，请亏待一下你的嘴巴，在不了解情况的时候，千万不要信口开河、搬弄是非。

仪式感,
让我们活得更高级

给他人留余地,给自己攒人品

给别人留余地,其实就是给我们自己留路。善待他人,关爱他人,实际上就是善待自己,关爱自己。

1

有这样一则寓言:

有一天,狼发现山脚下有个洞,各种动物由此通过。狼非常高兴,它想:守住山洞就可以捕获各种猎物。于是,它堵上洞的另一端,单等动物们来送死。

第一天,来了一只羊,狼追上前去,羊拼命地逃。突然,羊找到一个可以逃生的小偏洞,从小洞仓皇逃窜。狼气急败坏地堵上这个小洞,心想:再也不会功败垂成了吧。

第二天,来了一只兔子,狼奋力追捕,结果,兔子从洞侧面的更小一点的洞里逃生。于是,狼把类似大小的洞全堵上了。狼心想,这下万无一失了,别说羊,与兔子大小接近的狐狸、鸡、鸭等小动物也都跑不了。

第三天,来了一只松鼠,狼飞奔过去,追得松鼠上蹿下跳。最终,松鼠从洞顶上的一个小道跑掉了。狼非常气愤,于是,它堵塞

第六辑
唤醒内心的尊重

了山洞里的所有窟窿,把整个山洞堵得水泄不通。狼对自己的措施非常得意。

第四天,来了一只老虎,狼吓坏了,拔腿就跑。老虎穷追不舍。狼在山洞里跑来跑去,由于没有出口,无法逃脱,最终,这只狼被老虎吃掉了。

对这一案例,各界人士说法不一:

哲学家说:绝对化意味着谬误。

宗教家说:堵塞别人生路意味着断自己的退路。

环境学家说:破坏原本生态平衡者必自食其果。

经济学家说:预算和计划都要留有余地。

军事家说:除非你是百兽之王,否则,别想占有整个森林。

法学家说:凡规则皆有例外,恶法非法。

政治学家说:绝对的权利导致绝对的腐败,绝对的腐败必然导致彻底的失败。

渔民说:一网打尽,下一网打什么?

农民说:不留种子就是绝种绝收。

总之,人的生存与发展,依赖于千丝万缕的社会关系,所以无论做什么事都不要做得太绝,得为自己留一条后路。

本寓言里的狼发现了一个山洞,各种动物由此通过,为了捕获各种动物,狼把这个洞里除洞口外的所有通道都封死了,不料,自己却陷入万劫不复之地,成了老虎口中的美食。灭人者终自灭,"竭泽而渔""杀鸡取卵",古而有之。

在人与人的交往中,也有一些人为了追求个人利益而对别

仪式感，
让我们活得更高级

人不管不顾，甚至是在别人身处逆境时落井下石，这样的做法是极其愚蠢的，因为一个人再成功，也不能保证自己永远没有倒霉的时候，把事情做绝了，到时谁又会向你伸出援手呢？

2

在一个茫茫沙漠的两端，有两个村庄。从一个村庄到另一个村庄，如果绕过沙漠走，至少需要马不停蹄地走上20多天；如果横穿沙漠，那么只需要3天就能抵达。但横穿沙漠实在太危险了，许多人试图横穿沙漠，结果伤亡惨重。

有一天，一位智者经过这里，让村里人找来了几万株胡杨树苗，每半里一棵，从这个村庄一直栽到了沙漠那端的村庄。智者告诉大家说："如果这些胡杨有幸成活了，你们可以沿着胡杨树来来往往；如果没有成活，那么每一个走路的人经过时，要将枯树苗拔一拔，插一插，以免被流沙给淹没了。"

果然，这些胡杨苗栽进沙漠后，很快就全部被烈日烤死了，成了路标。沿着"路标"，在这条路上大家平平安安地走了几十年。

有一年夏天，村里来了一个僧人，他坚持要一个人到对面的村庄去化缘。大家告诉他："你经过沙漠之路的时候，遇到要倒的路标一定要向下再插深些；遇到要被淹没的路标，一定要将它向上拔一拔。"

僧人点头答应了，然后就带了一皮袋的水和一些干粮上路了。他走啊走啊，走得两腿酸累，浑身乏力，一双草鞋很快就被磨

第六辑
唤醒内心的尊重

穿了,但眼前依旧是茫茫黄沙。遇到一些就要被尘沙彻底淹没的路标,这个僧人想:"反正我就走这一次,淹没就淹没吧。"他没有伸出手去将这些路标向上拔一拔。遇到一些被风暴卷得摇摇欲倒的路标,这个僧人也没有伸出手去将这些路标向下插一插。

就在僧人走到沙漠深处时,寂静的沙漠突然飞沙走石,有些路标被淹没在厚厚的流沙里,有些路标被风暴卷走了,没有了影踪。

这个僧人像没头的苍蝇似的东奔西走,却怎么也走不出这个大沙漠。在气息奄奄的那一刻,僧人十分懊悔:如果自己能按照大家吩咐的那样做,那么即便没有了进路,还可以拥有一条平平安安的退路啊!

3

在一场激烈的战斗中,连长忽然发现一架敌机向阵地俯冲下来。照常理,发现敌机俯冲时要毫不犹豫地卧倒。可连长并没有立刻卧倒,他发现离他四五米远处有一个小战士还站在那儿。他顾不上多想,一个鱼跃飞身将小战士紧紧地压在了身下,此时一声巨响,飞溅起来的泥土纷纷落在他们的身上。连长拍拍身上的尘土,抬头一看,顿时惊呆了:刚才自己所处的那个位置被炸出了两个大坑。

故事中的小战士是幸运的,但更加幸运的是故事中的连长,因为他在帮助别人的同时也帮助了自己!在我们的人生大道上,

仪式感，
让我们活得更高级

肯定会遇到许多为难的事。但我们是不是都知道在前进的路上，搬开别人脚下的绊脚石，有时恰恰是为自己铺路呢？

所以，高明的人往往是心胸宽广的人，缺乏智能的人才会得饶人处不饶人，最终断绝自己的后路。

生活中，我们每个人也都与社会有千丝万缕的联系，所以凡事都不要做得太绝，给别人留余地也就是在给自己留后路。

不要轻易揭别人的"老底儿"

俗话说得好，"打人不打脸，揭人不揭短"，要想与人和谐相处，就要尽量体谅他人，维护他人自尊，避开言语"雷区"，千万不要揭人"老底儿"。

1

李峰与吴雪平是小学到大学的同学，又在同一座城市工作。有事没事两人相互打个电话，遇到什么不顺心的事都会找对方诉说。

可是，吴雪平虽长得挺漂亮，说话却总是口无遮拦。小时候，李峰因为不爱讲卫生，吴雪平就总是直言不讳地说："李峰啊，你

第六辑
唤醒内心的尊重

该洗洗你的手了,再不洗,就可以和煤球比黑了。"引得同学一阵爆笑,让李峰非常尴尬。长大后,李峰很忌讳别人提及他小时候那些丢人的事。

有一次同学聚会,吴雪平跟大家聊天时说到了小时候的一些话题,她说:"李峰小时候特别不爱干净,有了鼻涕用手一抹就行了。"

同学听了哈哈大笑,李峰的脸色一下子阴暗下来,有人觉察到就对吴雪平使眼色,但是吴雪平根本没有领会其意,还继续聊着,并且越聊越起劲。李峰更是脸色苍白,对吴雪平怒目而视。尽管李锋最终还是控制了自己的情绪,但是对吴雪平却极度反感。

之后,李峰很少再给吴雪平打电话聊天,就算吴雪平主动打来电话,他都会爱理不理。

2

故意揭短是敌视、攻击对方的武器,无意揭短是因为某种原因不小心触犯了对方的忌讳。有心也好,无意也罢,揭人之短都会让对方觉得不好受,轻则影响双方的感情,重则导致友情的破裂。

有一次,丈夫下班回家关门的声音太响,妻子听见后就对他说:"不想回家就别回来,别一回来就摔门。"于是,两个人就开始互相指责对方的不是,没完没了地吵起来。

心情本来就不好的妻子见丈夫对自己有那么多不满,心想:

工资没我拿得多,大部分家务也是我来做,还这样说我。于是更火了,尽拣难听的话说。

"你有本事别让我们住这破房子啊!你有什么本事,还好意思说我,就有被同事算计的能耐,被自己的'铁哥们'给陷害了,还蒙在鼓里,还给人家帮忙,真怀疑你是不是没长头脑!"

丈夫听了这些话非常受刺激,被自己的朋友利用已经够难过的,原本这些事已经过去了,妻子却还在这个时候提起,当即摔门而去。

许多人常常一激动或生气,在讲不出道理的时候,就轻易揭对方老底儿,于是矛盾就由此激化。就像夫妻吵架那样,往往是因为互揭对方的疮疤,才导致一发不可收拾。

朋友在一起聊天,说着说着就开起了玩笑,很多人喜欢拿朋友的短处来开玩笑,自认为那样很能调动聊天气氛,其实那样很容易伤害朋友的感情,即使朋友当面不提,但内心肯定会不好受。

揭朋友伤疤,会让朋友勾起一段不愉快的回忆,继而让朋友感到寒心,寒心的不光是因为旧痛,更因为对方过于纠缠自己的曾经,例如朋友可能会有这样的心理:都已经是过去的事情了,现在还抓住不放,真是太过分了。

3

每个人都有一根敏感神经,也就是不为人知的"老底儿",比如一些缺点、不足、曾经的尴尬、旧痛伤疤、别人不高兴谈的

第六辑
唤醒内心的尊重

话题,等等。它是人际交往中的一块"雷区",如果你踩到了,很可能炸伤自己。因为几乎没有人希望别人提及自己的隐私、痛处、禁忌,当别人提及这些并大做文章时,相信谁心里都不会舒服。

在与人交往中,如果想得到对方的欣赏、帮助和友谊,就应该多提对方的优点,绝不触摸那根敏感神经,提及对方的缺点,揭对方的旧伤。

要杜绝自己揭人疮疤的行为,除了知晓利害关系、提高自控能力外,还须完善自己的人格修养。当你经过多管齐下的努力后,相信你会多考虑朋友的内心感受,从而杜绝揭对方老底儿的行为,使友谊之路更加顺畅。

顺口的承诺,只是一条会勒紧自己脖子的绳索

学会诚信,会让我们多一些宽容,少一些指责,多一些和谐,少一些冷漠,多一些真诚,少一些欺骗。学会诚信,才知道恩情是联结人与人之间关系的一个良好纽带,更是团队与团队之间和谐的纽带。

仪式感，
让我们活得更高级

1

一位员工好不容易在香港找到了一份工作。谁知道上班前一晚因为太兴奋睡不着觉，第二天睡过了头，结果迟到了一刻钟，上司问他迟到的原因，他不敢直说，顺口编了一个原因说遇到了大塞车。第二天上班，上司把他叫到办公室，递给他一份辞退信，说他不适合在公司工作。员工问他做错了什么事，上司说："凡是有大塞车，当天的新闻都有报道。"

在德国留学的一位华人学生，以优异的成绩毕业了，但他怎么也找不到理想的工作。"奇怪呀，自己的专业很吃香，成绩也很好，为何这些大公司总把自己拒之门外呢？"他决定再去找些较小规模的公司试试。没想到的是，他仍然被多次拒绝。终于在一家公司的办公室里，他向对方的人事主管发了脾气：你们这是种族歧视，我要告你们！

人事主管和颜悦色地把他请到了另外一间没有人的办公室，从电脑里调出一串他的资料，指着其中的两行字对他说："你看，你有三次和你的恩师吵架的记录。在我们国家，和教导自己的恩师吵架的概率是3‰，你和别人吵过多少次架？我们怎么敢信任你呢？"这位华人学生做梦也没想到，仅仅因为自己和恩师吵了几架，这事就影响了自己以后的就业，在事实面前，他只好认输。

一个人的名誉、能力要想得到社会、公司长久的认同，必须持续地对生活中的每一件事情负责。在我们的工作中，没有可以随意打发糊弄的小人物、小事情，种下什么种子，将来必定收获什

第六辑
唤醒内心的尊重

么样的果子。人生的每一段经历都是自己书写的档案。消极工作会给老板、同事、客户留下一个不敬业、不负责任的印象，这种负面影响说不定会对我们以后的工作、生活造成什么障碍呢。

2

当朋友托我们给他办事时，我们尽力提供帮助是理所应当的。但是，办事要量力而行，不要做"言过其实"的许诺。

因为，诺言能否兑现除了个人努力的因素，还有一个客观条件的因素。平时可以办到的事，由于客观环境变化了，一时办不到，这种情形是常有的。

当你无法兑现诺言时，不仅得不到朋友的信任，还会失去更多的朋友。

有一个年轻人在银行工作。他过去的老师想开一家公司，缺少资金，便去问他能不能帮忙贷款。他想："这是老师第一次找自己帮忙，怎么能拒绝呢？"当即一口答应。可是，他毕竟刚参加工作不久，还没取得说话的资历，老师的贷款请求又不完全合乎规章。所以，当老师租好门面，请好员工，等着资金开业时，他这里却拿不出钱来，搞得很被动。老师大怒，责备他说："你这不是捉弄我吗？你即使不想帮我，也不该害我！"他能说什么呢？只好苦笑而已。

有些人是不好意思拒绝别人，而有些人则喜欢胡乱吹嘘自己的能力，随随便便向别人夸下海口，承诺自己根本办不到的事情。结果不但事情没有办成，自己的人缘也搞臭了。

仪式感，
让我们活得更高级

既然许下诺言，无论刀山火海都不能反悔——你不能言而无信。

所以，干脆不要轻易向人承诺，不轻易向人许诺你可能办不到的事。这是不失信于人的最好方法。

要获得守信的形象并不容易。最要紧的一条是：别答应你无法兑现的事。这不仅是一个主观上愿不愿意守信的问题，也是一个有无能力兑现的问题。一个人经常答应自己无法完成的事，当然会使别人一次又一次失望了。

一个商人临死前告诫自己的儿子："你要想在生意上成功，一定要记住两点：守信和聪明。"

"那么，什么叫守信呢？"儿子焦急地问。

"如果你与别人签订了一份合同，而签字之后你才发现你将因为这份合同倾家荡产，那么你也得照约履行。"

"那么，什么叫聪明呢？"

"不要签订这份合同。"

我们在这里强调不要轻率地对朋友做出许诺，并不是一概不许诺，而是要三思而后行。尽量不说"这事没问题，包在我身上了"之类的话，给自己留一点余地。顺口的承诺，只是一条会勒紧自己脖子的绳索。

3

从前，有一位宽厚仁慈的老国王。他没有子嗣，眼看身体一天天不行了，王位却无人继承。有一天，他想出个办法，决定在国

第六辑
唤醒内心的尊重

内挑选一名诚实的孩子作为自己的接班人。

告示贴出后,家长们护送孩子纷纷涌入王宫。老国王拿出许多花籽儿,分发给每一个孩子,并对他们说:"谁能用这种子培养出最好看的花朵,谁就是我的继承人。"

所有的孩子都在大人的帮助下,播种、浇水、施肥、松土,不分昼夜地看守,将花种子照顾得十分周到。其中有个叫雄日的孩子,他整天用心培育花种,但10天过去了,半个月过去了……花盆里的种子却没有发芽。他很纳闷,就去问母亲。母亲说:"你把花盆里的土换一下,看看行不行?"他这样做了,但情况并没有发生转变。

一转眼,国王规定献花的日子到了,其他孩子都捧着盛开鲜花的花盆涌向王宫,排成长队,等待国王的奖赏。只有雄日捧着没有花的花盆站在大门旁,默默地低头哭泣。然而,国王对那些捧着开有鲜花的花盆的孩子看都不看一眼,径直来到雄日面前,问他为什么捧着空花盆。雄日觉得自己很笨,哭得更厉害了,边哭边说出了自己如何精心培育花种,最终却无法让种子发芽、开花的经历。

国王听完,欢喜得流下了眼泪,握着雄日的手,说:"我的孩子,你是最诚实的,你就是我要找的人。你不知道,我发给大家的种子都是煮熟了的,根本发不了芽,开不了花。"后来雄日成了王位继承人。

"诚实"这个品性,在人们的心目中神圣、伟大,几千年来,社会始终将它作为做人的一个基本准则。

学会诚信,才更能体会到自己的职责。

仪式感,
让我们活得更高级

没有谁的人生不需要分享

不要吝啬你所拥有的,分享并不代表失去,在生活中我们分享得越多,拥有的也就越多。

1

有这样一个古老的故事:

有人和上帝讨论天堂和地狱的问题。上帝对他说:"来吧!我让你看看什么是地狱。"

他们走进一个房间。一群人围着一大锅肉汤,但每个人看上去一脸饿相,瘦骨伶仃。他们每个人都有一只可以伸到锅里的汤勺,但汤勺的柄比他们的手臂还长,自己没法把汤送进嘴里。有肉汤喝不到肚子,他们只能望"汤"兴叹,无可奈何。

"来吧!我再让你看看天堂。"上帝把这个人领到另一个房间。这里的一切和刚才那个房间没什么不同,一锅汤、一群人、一样的长柄汤勺,但大家都身宽体胖,正在快乐地歌唱着幸福。

"为什么?"这个人不解地问,"为什么地狱的人喝不到肉汤,而天堂的人却能喝到?"

上帝微笑着说:"很简单,在这儿,他们都会喂别人。"

第六辑
唤醒内心的尊重

人们都说:"把自己的苹果分给别人一半,虽然我们失去了半个苹果,但是却收获了友谊,收获了别人的感激;把痛苦和别人分享,那么就等于别人和自己分担了一半的痛苦,自己减少了一半的痛苦;把快乐和别人分享,自己获得快乐的同时,别人也为你的快乐而快乐,那就等于我们获得了两份快乐。"

2

古罗马哲学家卢克莱修说:"自私是人类的一种本性,高尚者和卑劣者的区别在于:前者能够克制这种本性而代之以无私的给予,而后者则任其肆意横行。"

要知道,付出和回报是成正比的,付出多少相应的就会有多少回报。当我们希望别人怎么对待自己时,我们首先就要怎么对待别人。当我们想从别人身上得到些什么时,就必须对别人付出,然后才能得到别人的回报。

当我们想要收获丰硕的果实的时候,千万不要吝啬手里的种子,将它们播撒并且精心地照顾,你会发现,到了收获的季节,便会硕果累累。没有付出,又怎能尝到收获的甜美呢?

雪花纷纷扬扬,像飘洒到人间的精灵。在一个寒冷的冬日,一对老夫妇互相搀扶着走进了快餐店,他们像是从岁月中走出来,在这个到处都是年轻人的地方,看起来有点格格不入。餐厅里的客人羡慕地望着他们,甚至一些人在窃窃私语:"看,那对老人一定在一起生活了好多年,也许60年,或者都已

仪式感，
让我们活得更高级

经过了钻石婚了。"

瘦小的老头径直走到点餐台点好餐。他点了一个汉堡、一包薯条还有一份饮料，一切都是一份。老人拿着托盘走回他们的座位，他撕下汉堡包装纸，然后很认真地把汉堡切成了大小相等的两份，一份放在自己面前，一份放在妻子面前。之后，他又把薯条分成了两分，一份留给自己，一份给了妻子。最后老头把吸管插进杯子里，吸了一口饮料，然后看了老妇人一眼，老妇人没有吃桌上的东西，只是抿了一口饮料。

老头拿起汉堡咬了一口，这时餐厅里的人忍不住悄悄议论起来。他们在说："他们一定很穷，只买得起一份套餐。"

就当老头拿起一根薯条要往嘴里放的时候，一个小伙子站了起来，他径直走到老夫妇的餐桌。他很有礼貌地说他愿意为他们再买一份套餐。老头委婉地拒绝了，说他们这样很好，他们已经习惯一起分享任何东西。

餐厅里的人注意到，桌子上的东西老妇人一口都没吃，她只是静静地坐在那里看着丈夫吃，偶尔喝一口饮料。那个小伙子实在看不下去了，忍不住又走了过去，说他愿意给他们买点其他什么吃的东西。这次是老妇人拒绝的，她也说他们习惯了一起分享任何东西。

老头吃完了，利落地擦了擦嘴。那个小伙子简直无法忍受了，他再次走到他们的餐桌前提出帮他们买点吃的，结果又遭到了拒绝。最后他问老妇人："为什么您不吃东西呢？您不是说你们总是一起分享任何东西吗？可为什么他在吃，而您却看着呢？难

第六辑
唤醒内心的尊重

道您是在等什么东西吗？"老妇人笑了一下说："我在等假牙,我们共用一副。"

小伙子怔住了,整个餐厅此时都弥漫着无言的感动。

付出也是一种幸福,当我们给予别人我们拥有的,当我们和别人分享我们拥有的同时,我们也获得了一种感激和快乐,那也是一种幸福。我们总认为只有不断地拥有才是一种幸福,然而幸福不仅仅只有得到这一种,有些时候,还有另一种幸福那就是付出。

3

有一群年轻的探险家,他们想挑战沙漠,于是,他们做了非常充分的准备,带足了食物和水,走进了沙漠。

但是,沙漠的环境实在是太恶劣了,随着时间一天天过去,食物和水也一天天地减少,渐渐地,面对恶劣的环境,有些人支持不住了,有的饿死了,有的渴死了,最终只剩下两个人。他们两个人互相扶持,互相鼓励,在沙漠里艰难地前进着。

十多天过去了,他们仍然没有走出沙漠。可是,这时候他们却只剩下一袋面包和一瓶水。强烈的求生欲望让他们的本性全部暴露出来,于是他们决定吃掉这些东西来补充体力,做最后的冲刺。

可是当他们看到食物的时候,就开始争夺起来,甚至大打出手,结果他们中的一个人抢到了面包,另一个人抢到了水,他们

仪式感，
让我们活得更高级

谁也不肯让谁，谁也不肯给自己的同伴分享一点。结果可想而知：抢到水的饿死了，抢到面包的渴死了，到最后，谁也没能走出沙漠，都葬身于沙漠之中。

后来，又有一批人去那个沙漠探险，到最后也只剩下两个人，也只剩下一袋面包和一瓶水，最后一刻，他们决定将面包一人一半，那瓶水也分着喝。最后，他们都成功地走出了沙漠。

这就是与人分享和不与人分享的区别，不和人分享的那两个人，最后葬身于沙漠，而与人分享的那两个人，面对最后的困难，面对有限的食物和水，他们懂得互相扶持，互相分享，最后成功地战胜困难、战胜沙漠。不但让他们获得生命，还让他们获得了难能可贵的友谊。

在这个世界上，每个人都需要同伴，无论在生活中遇到的是快乐还是痛苦，都需要有人分享。没有分享的人生，无论面对的是快乐还是痛苦，对人来说，都是一种惩罚。当我们获得快乐的时候总想和别人说，让别人和自己一起分享这份喜悦，获得别人认同的欲望。同样，当我们遇到困难的时候，也都想找个肩膀来靠一靠，来为自己分担一份痛苦。没有人喜欢孤独地承担一切。

人的自私是一种自然的本性，与生俱来。也可以说，自私是人类生存的一种本能，但是有时候恰恰是因为人的自私，不但没有为自己赢来自己想要的东西，反而使自己失去了珍贵的机会。

我们如果想得到真正的快乐，获取更大的成功，拥有美好的人生，守护忠诚的友谊，不管是想得到其中的哪一个，我们都必须先打破吝啬的藩篱，走出吝啬的灰暗，寻找生命中那一份与人分享的蓝天。予人玫瑰,手有余香。请放心,敞开你的胸怀,包括你自己在内,没有任何人会吃亏的。

有多少自律,就有多少自由

人生最大的敌人,不是别人,而是自己。是对自己的纵容,纵容自己就是毁灭自己。成功者之所以成功,就是因为他们总是不断反省,永远自律。

1

张伯苓是著名教育家,他长期担任南开大学校长,他责己严格,对学生也是毫不放松。一次上"修身课"的时候,他看到一位学生的手指被烟熏得焦黄,便指责他说:"你看,吸烟把手指薰得那么黄,吸烟对青年人身体有害,你应该戒掉它!"但令他没想到的是,那这位学生反驳道:"您不是也吸烟吗?凭什么来说我呢?"张伯苓被问得说不出话来,憋了一会儿,就把自己的烟一撅两段,坚定地说:"我不抽,你也别抽。"

下课以后,他又请工友将自己所有的雪茄烟全部拿出来,当众销毁,工友非常惋惜,舍不得下手。张伯苓说:"不如此不能表

仪式感，
让我们活得更高级

示我的决心，从今以后，我跟同学们一起戒烟。"从那以后，张伯苓就再也没有抽过烟。

控制自己，不是一件容易的事情，因为我们每个人心中永远存在着理智与感情的斗争。"做自己高兴做的事"，不顾一切地达到自己的目的，这并不真正是对人生和自由的追求。你应该有战胜自己的感情、控制自己命运的能力。一个人如果任凭感情支配自己的语言、行动，那就使自己变成了感情的奴隶。不能自我控制，往往会使自己做出一些错误的举动。

2

富兰克林是18世纪美国著名的政治家，在工作期间，他和沃茨印刷厂的管理员发生了一场误会。这场误会导致了他们两人之间彼此憎恨，甚至演变成激烈的敌对状态。这位管理员为了表现出他对富兰克林一个人在排版间工作的不满，把房里的蜡烛全部收了起来。这种情形一连发生了几次，最后当富兰克林到库房里排版一篇预备在第二天晚上发表的稿子，在版桌前坐好时，却无论怎样都找不到蜡烛。

富兰克林气得立刻跳了起来，他奔向地下室，将管理员痛骂了一顿，岂料管理员转过头来以一种充满镇静与自制的柔和声调说道："呀，今天你显得有些激动，不是吗？"

管理员的话就像一把锐利的短剑，一下子刺进富兰克林的身体。富兰克林赶紧逃离了库房。

第六辑
唤醒内心的尊重

当富兰克林回去把整件事情反省了一遍后,他立即看出了自己的错误。坦率说来,他很不愿意采取行动来化解自己的错误。然而,富兰克林知道,他必须为自己刚才的行为向那个人道歉,内心才能平静。最后,他费了很长时间才下定决心,去了地下室,把那位管理员叫到门边:"我是回来为我的行为道歉的——如果你愿意接受的话。"管理员听后,脸上立即露出了微笑,他说:"凭着上帝的爱心,你用不着向我道歉,除了这四堵墙壁,以及你和我之外,并没有人听见你刚才所说的话。因此,不如从此我们就把这件事情忘了吧!"

在富兰克林的一生中,这件事情成为一个重要的转折点。富兰克林说:"这件事教育我,一个人除非先控制了自己,否则他将无法控制别人。"这也使我们明白了这句话的真正意义:"上帝要毁灭一个人,必先使他疯狂。"

在这纷扰的社会中,我们不可能事事都一帆风顺,不可能每个人都对我们笑脸相迎。有时候,我们也会受到他人的误解,甚至嘲笑或轻蔑。这时,如果我们不善于控制自己的情绪,就会造成人际关系的不和谐,对自己的生活和工作都将带来很大的影响。所以,当我们遇到意外的沟通情景时,就要学会控制自己的情绪,轻易发怒只会造成反效果。

善于自我控制,善于克制自己感情,约束自己的言语,控制自己的行为,心理学上称"自制性",或称"自制力",这是意志品质的一个方面。

3

　　自我控制,的确是一种智慧。一个能很好地控制自己的人,可以支配自己的激情和命运。而一个人想要很好地自我控制,极其重要的一点就是不能放纵自己的欲望,如果为了寻求眼下的满足,而以牺牲未来为代价的话,那这种代价所导致的损失将是你终身都无法弥补的。所以,及时的自我控制是非常重要的。

　　从另外一个方面来看,一个成功的人在与他人交往的过程中,总是习惯地运用求同存异的智慧,而能够自如地运用求同存异的智慧的人,肯定是一个有高度自我控制能力的人。

　　自我控制,就是能合理地控制自己的情绪、行为、语言,就是不排斥他人不同的观点、意见、习性等,要做到自我控制,关键的一点就是要多思考,多包涵,充分运用求同存异的交际艺术,妥善地处理自己与他人的关系,从而获得人生最大的快乐。在与别人交往、相处的过程中,你要时刻记住"求同存异"的概念,就是尊重每一个人的独特性,如果你不允许别人与你不同,拒绝与他人在交往时求同存异,那么,最终你只能把自己孤立起来。

　　在平时的生活中,时时提醒自己要有意识地培养自律精神。比如,针对你自身性格上的某一缺点或不良习惯,限定一个时间期限,集中纠正,这样会取得较好的效果。千万不要纵容自己,给自己找借口。对自己严格一点儿,时间长了,自律便成为一种习惯,一种生活方式,你的人格和智慧也随之更完美。

第七辑

幸福需要仪式感

一个仪式可以区别今天与其他日子不一样,一个小小的仪式也会让你的心情不一样。

生活不只有诗和远方,还有生活的点滴和情怀。一个好的生活状态,源于你对日常生活的态度,要认真地过好每一个普通的日子,才能获得一份高幸福感的生活。

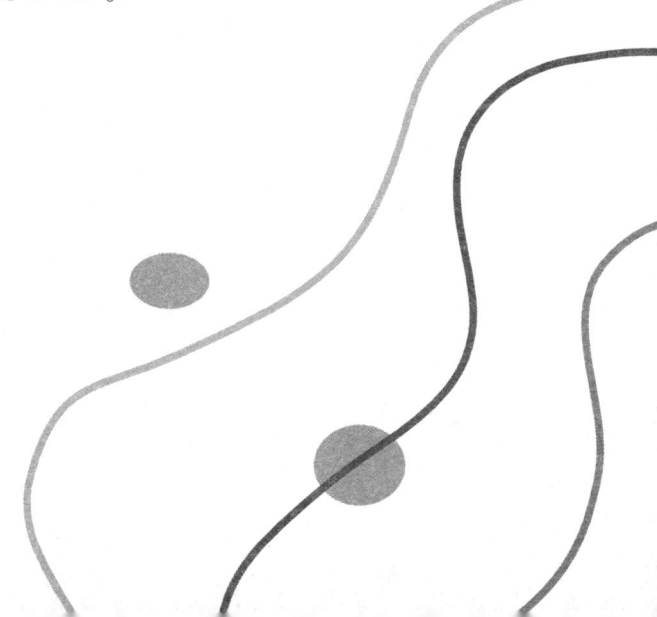

仪式感，
让我们活得更高级

酒吧打烊时我就离开

无论我们正处于何种生命状态：遭遇不幸，经历变迁；或追求卓越，名利双收；也无论正经历困惑、求索或领悟，我们对生命都要负一个重要的责任——让自己幸福。

1

小芳要结婚了，男友比她大10岁，离异且带有一个小孩。而小芳不过25岁，家境好，人漂亮，又能歌善舞，在得知这些情况之后，同事们纷纷表示不解和惋惜。可作为小芳的好朋友，我知道她绝对不是一个玩世不恭的女孩，她在众多的追求者中选择了那个男人，一定有她的理由，于是我便决定找个时间同她好好聊聊。

小芳对我的疑问丝毫没有感到意外。她很坦率地讲到她的男友，并介绍了他的许多优点，她说："别人只是看到了他的一些表面现象而已，其实并没有走近他的心，当了解他以后，你就会知道他是一个多么好的男人。我要的是踏实的婚姻，过一种实实在在的日子，我知道现在有许多人在议论我，但我不在乎，幸福是自己的事！"

第七辑
幸福需要仪式感

她还告诉我,她和男友在一起,她的家人最初也很反对,但在多方了解了男友的人品后,也就渐渐接受他了。她说,有趣的是,她那择婿标准近乎苛刻的母亲,竟然还操起针线为他织起了毛衣。小芳在向我说起这些的时候,她的脸上满是幸福。

2

周老伯在退休的时候,做出了一个令所有人都意外的决定:他要把城里的房子租出去,和老伴到农村买房,充分享受大自然的美好。说实话,对于周老伯的这个决定,周围的朋友基本上都不大理解,甚至有同事劝他:"农村条件艰苦,在那里买房挺划不来的。"而周老伯则说:"我从小在农村长大,非常留恋农村,我会在那里愉快地安度晚年。"说这话时,周老伯立场很坚定,从他的眼神之中,可以看出他对自己想要的幸福生活的向往。

尽管亲戚朋友都反对,周老伯还是义无反顾地搬到乡下去了。此后,当朋友们来到周老伯家里才发现,周老伯所住的地方,是一个环境优美的小山村,村边有小河,南边有山,溪水潺潺,绿树成荫。周老伯和老伴的住所是两间大瓦房,土炕,大庭院,庭院之中种有枇杷树,树上硕果累累。看到眼前的景象,老友们都不禁啧啧称赞。

此后一年,周老伯经常打电话给他的那些老朋友,约他们到自己的家里坐坐。于是,老朋友们又跨进了周老伯的家门,当时的感觉,就好像《红楼梦》里的一群人刚踏进大观园一样:这哪是当初的周老伯家呀!庭院到处种着蔬菜瓜果,房前屋后,到处是自耕田,田里种着花生、白菜、芋头……

午饭时,老友们品尝到了南瓜汤、地瓜饭,饭桌上周老伯喝了一点小酒,便情不自禁地唱起歌来,声音洪亮,无拘无束。周老伯还对朋友们说他最近喜欢上了写作,面对如此清静幽雅的生活,有了很多灵感。

见到周老伯现在的幸福生活,众人终于明白了,幸福其实跟别人、跟某些物质条件,并没有必然的联系,关键在于自己的感觉如何。

3

前几天有两次坐出租车的体验,让我难以忘怀。

一大早,我跳上了一辆出租车,因刚好遇上车流量高峰时刻,没多久车子就卡在车阵中,于是我随口聊了起来:"司机先生,最近生意好吗?"

后视镜中的脸阴沉了下来,没好气地说:"有什么好?到处都不景气,你想我们出租车生意会好吗?我每天天不亮就出来开车,开到天黑回去也赚不到多少钱,真是够气人的!"

"嗯,显然这不是个好话题,换一个主题好了。"我想。

于是我说:"不过还好你的车子很宽敞、很舒服,要不然像现在困在路上就难熬了。车子大还是好,即使塞车也不会觉得心情不好。"

第七辑
幸福需要仪式感

没料到那张脸竟变得扭曲,声音也激动了起来:"你觉得舒服吗?那你每天坐12个小时看看,你还会不会觉得舒服,我每天被关在这车里,关得腰酸背痛,真是倒霉,还不是为了要吃饭。"他说完叹了口气。

老实说,那天我下车时,心中有种终于解脱了的轻松感。

不过几天后,我再一次跳上了出租车,而这一次,却开启了迥然不同的体验。

一上车,看到了一张笑容可掬的脸,轻快的声音伴随而来:"你好,请问要去哪里?"

我对于这迎面而来的亲切感到惊讶,我笑了笑,随即告诉了他目的地。

司机先生说:"好,没问题,那你希望怎么走呢?"我说:"都可以啊,看你怎么方便,就怎么走吧!"

他笑了笑,一边开车,一边愉快地哼起歌来,显然他今天心情不错。

于是我问:"司机先生,看你今天心情很好嘛,有什么喜事吗?"

他笑得露出了牙齿:"我每天都是这样啊,每天心情都不错。"

"为什么呢?"我问,"不是听说最近大家开车收入都不太理想吗?"

司机先生又笑了笑:"没错,不过日子总是要过的,我也有家、有小孩,开车时间也跟大家一样变长了。不过,我总是会换个角度去想事情,心情就不一样啦!"

他继续说着,脸上的笑容一直未消:"譬如说,我觉得出来开车,就好像出来玩一样,客人付钱请我跟他们一起去玩,这不是挺棒的吗?"

"例如,你现在付钱,请我带你去公园玩,到了公园,我总是把客人送下车后,停下来抽根烟,欣赏一下风景再走,像现在正是花季,我等一下就可以顺道赏赏花了,反正来都来了嘛,更何况还有人付钱呢!"

4

也许是小时候都被长辈们严格地约束过,现在的我们大多习惯在准备考试时兢兢业业、不苟言笑,一切只等到考完,到那时才有资格感到轻松,觉得快乐。

而在工作上,我们往往也给自己设下目标,并且为了表明决心,立志夙兴夜寐,神情严肃紧张,生怕功亏一篑,至于什么快不快乐的,那就以后再说了。

我们大多数人,都是很不快乐地在完成目标,也很不快乐地在寻找快乐。

从幸福的角度而言,这个做法非常有待商榷。

因为,真正的幸福达人,不是完成了事情才快乐,而是要快乐地去完成事情。

当尼克松知晓自己患了癌症以后,竟微笑着这样诠释死亡:"酒吧打烊时我就离开!"正因为有了这样一种良好的心境,在余

第七辑
幸福需要仪式感

留的生命中,他依然过得很幸福。

幸福本身就是一种旅程,而不是旅程中的一个目标站。

幸福的距离只有九十九步

幸福不是如电光石火般的短暂之旅,而是要持续相当长的时间,甚至一生。

幸福并不是惊天动地,金碧辉煌;生命中温暖的瞬间、美妙的时刻,那种在我们心中可以久久去体味的真情,就是幸福最朴素的本质。

1

某天,我闲来无事,便打电话把自己最好的闺蜜约出来一起逛街,我们边走边聊。这个时候,闺蜜给我讲了一件发生在她和她丈夫之间的小事。

像往常一样,闺蜜和她丈夫一起出来逛街,不知道怎么回事,他们逛着街因为一点儿小事就吵了起来。两人吵得越来越凶,似乎都觉得对方有错,自己才是正确的。在这时,闺蜜的丈夫说:"咱们先不吵架,我和你背对背开始往前走,走完一百步后,

仪式感，
让我们活得更高级

再回头，如果还能看到对方，我们就忘掉以前所有的不快乐，重新开始；如果看不到彼此，就继续往前走，不要再回头。"闺蜜听完后说："可以。"于是，两人便开始背对着向反方向走去。

  闺蜜跟我说，当她走出第一步，她就后悔了，因为突然有一种叫作悲哀的东西漫过心底，她在想："我的爱情路只剩下九十九步。我们怎么走到了今天这一步？曾几何时，我们一起在雨中漫步，衣服淋湿了也不觉得冷；曾几何时，我们在雪天里呼着热气吃冰淇淋，当人们投来诧异的目光，我们竟哈哈大笑；曾几何时，我们手拉着手一起看夕阳西下，落叶纷飞；曾几何时……"

  她已走过二十步，她好想回头看看丈夫，看看丈夫是否和她一样步履维艰。然而，她没有这么做，就这样继续走下去了。

  记得老师以前教我们电脑的时候，曾跟我说过，编程时会遇上一种情况叫"死循环"，进去了，就出不来。闺蜜现在和她的丈夫就处于一个"死循环"的圈中，绕来绕去，最终还是没有走出来。

2

  当闺蜜走完五十步时，有个卖烤红薯的老头，问她要不要红薯。她摇了摇头，老头就推着车走了。

  "为何他不再多和我讲几句话？那样我便可以停留一会儿，不要再走下去。"闺蜜默默地想。闺蜜特别爱吃红薯，所以每到天冷的时候，她丈夫都会跑到校门口买个大红薯，然后揣在怀里，

第七辑
幸福需要仪式感

一路小跑到她住的宿舍楼下,每当她下楼看见气喘吁吁的丈夫时,她都有一种想哭的感动。她觉得自己是这个世界上最幸福的女孩。

不一会儿,闺蜜已经走完了八十步,她仍在思考:"为什么会变成今天这样,为一点点小事天天争吵?"

闺蜜是一个挺爱哭的女孩子,记得那时候他们俩出现在我们面前,并宣布要交往的时候,我们"威胁"她丈夫,不要让她哭,否则就不客气了。而她的丈夫也信誓旦旦地对我们说,不会让她为他再流一滴眼泪了。

然而时过境迁,每当闺蜜哭泣的时候,她的丈夫总是心情烦躁,然后双方都无端地说出一些互相伤害的话。终于有一天闺蜜的丈夫对她说:"我们不能再这样下去了,不然都会被折磨死,分开吧!"

"为什么?你是不是不喜欢我了?"闺蜜喊道。他说:"是因为太喜欢你了,所以不能忍受你跟我一起这样不快乐。"

闺蜜想:"还能说什么?我们在人海里相遇,所以选择在人海里分开?"

最后闺蜜走到第九十九步了,她艰难地抬起沉重的脚,迟迟不愿放下,因为她怕放下脚时,回头再也看不见丈夫了;怕放下脚时,回头将永远失去她丈夫;怕放下脚时,她从此再没有幸福可言;怕……脚终于落下了,泪也顺颊而下,闺蜜不想回头,也不愿回头,最后控制不住自己,蹲下身痛哭起来。突然,一双宽大的手从后面抱住了她的双肩,回过头,她看到了丈夫,看到了丈夫

仪式感，
让我们活得更高级

充满了深深自责和浓浓爱意的双眼。

闺蜜扑进了丈夫的怀里，哭着说："我不要再往下走了。"他说："傻丫头，永远不会再让你一个人走。其实，我一直走在你的身后，一直在等你回头。"

3

这是闺蜜和她丈夫之间的故事。每当跟我说起这件事，我总能看见闺蜜的脸上洋溢着幸福。

其实，幸福并不远，是我们自己把它想得太过遥远。幸福就在周围，简单地说人活着就要懂得珍惜拥有的。

时时在想，幸福离我有多远？其实，幸福一直就在我身边。很小很小的时候，有亲人温暖的怀抱，有可亲可爱的伙伴陪着我们自由地玩耍，我们一起唱着歌，如鸟儿的欢叫声回荡在大自然赐予的每一个角落，那个时候，幸福就在身边。

长大以后，面临着爱与恋的欢喜、痛苦、纠缠，发现自己再也不是那一张白纸，上面有了太多太多的图案。经历过一次次的爱和痛后，猛然发现幸福来得很快，走得也快。只是，幸福还在的时候，没有努力抓住它，是自己放走了幸福，只能回到原点，一个人孤独地走。也许很多人也一样，幸福在的时候，淡淡的，一旦失去了才知道拥有，可那个时候，幸福不会再停下脚步来等你。幸福其实就是一种感觉，你感觉到了，便是拥有。珍惜拥有，便是幸福。

第七辑
幸福需要仪式感

小的时候,幸福是有小人书可看,有糖可吃,有玩伴。再大一点,幸福是有漂亮的花裙子可穿,有考了100分的卷子可以拿去炫耀,有大堆的"杂书"可以沉醉其中。再后来,偏执地以为,幸福如所有童话书中描述的那般:王子与公主历经磨难,从此幸福地生活在一起……

幸福离我们究竟有多远?相信每个人的答案都不相同。有的人说幸福离自己很近很近,就在自己的身边。有的人说幸福离自己很远很远,自己根本就够不到。如果要让我说幸福有多远,我会说,幸福的距离只有九十九步。

幸福刚刚好就好

电影《求求你表扬我》中范伟说:"幸福就是我饿了,看见别人手里拿个肉包子,他就比我幸福;我冷了,看见别人穿了一件厚棉袄,他就比我幸福;我想上茅房,就一个坑,你蹲那儿了,你就比我幸福!"

1

曾经,央视做了一期"你幸福吗?"的问卷调查,触动了很多

仪式感，
让我们活得更高级

人的神经。无论是腰缠万贯的富人，还是挣扎在贫困边缘的打工者，谈及幸福总有那么多感言。

幸福可以很现实，饥饿时的一个馒头代表全部的幸福，而不是五星级酒店餐桌上的鲍鱼所能体现的幸福；幸福可以很直接，儿孙满堂来朝贺一个耄耋之年的老人，而老人吃下的那一片满是油珠的回锅肉就是幸福。幸福还是不幸福，全在于一种由内而外的感觉。苦亦乐，悲亦喜，便是最高境界的幸福定义，也是一种人生智慧。

幸福是什么？

这个命题也许会给你久违的感觉，似乎只与遥远的童年有关，只是在小时候经常出现的命题作文。其实不然，当生活压力屡屡向我们袭来的时候，在夜深人静、心情低落的时候，我们就会出现类似的心灵叩问——人活着到底是为了什么？幸福到底是什么？

成年人内心其实更渴望幸福，这是因为幸福的感觉离我们的确是渐行渐远了，我们几乎都忘记了人活着的目的所在。

2

小时候听过一首歌叫《幸福在哪里》，歌词还记得："幸福在哪里？朋友啊告诉你。她不在柳荫下，也不在温室里……"

幸福到底是什么，它在哪里呢？对于幸福，正如一位作家所说："幸福是一个谜，你让一千个人来回答，就会有一千种答案。"

第七辑
幸福需要仪式感

对于灰姑娘而言,幸福就是每天夜里和心爱的王子一起跳舞;对于睡美人而言,幸福就是在黑暗中沉睡时得到甜蜜的一吻;对于海的女儿而言,幸福就是让自己爱的人幸福,即使自己失去生命;对于民工而言,久拖不给的血汗钱最终拿到手就是幸福;对于病人而言,健康的时候就是幸福⋯⋯

电影《求求你表扬我》中范伟所说:"幸福就是我饿了,看见别人手里拿个肉包子,他就比我幸福;我冷了,看见别人穿了一件厚棉袄,他就比我幸福;我想上茅房,就一个坑,你蹲那儿了,你就比我幸福!"

还有人说,幸福就是"吃得下,睡得着,想得开",仔细分析也是颇有一番道理的。吃得下意味着身体好,睡得着意味着精神没有压力。不生病、精神好,才吃得下;没病痛、没心事,才睡得着。这两点的前提都是要想得开。

有关幸福的谜底可以无限地说下去,三天三夜也说不完。但是,现实生活中大多数人却越来越感受不到幸福。有了钱,有了好车,有了大房子,却并不比其他人幸福。

难怪有人说:"真正的幸福是不能描写的,它只能体会,体会越深就越难以描写,因为真正的幸福不是一些事实的汇集,而是一种状态的持续。"

3

朋友有次跟我说,她的父亲在几年前就退休了,和众多退休

仪式感，
让我们活得更高级

的老人们一样，她的父亲也是个会享受退休生活的人。每天早晨，朋友的父亲都会很早起来到楼下的小公园里，伸伸腿、弯弯腰、跑跑步、做做运动。做完这些，便早早准备一顿像模像样的中午饭，吃完休息两个小时。起来后便是和那些原来的老同事们聊聊天、下下象棋。夕阳西下，再收起心，愉快地回到家，洗漱完毕，看看电视，日子就这样淡定从容地流过。

朋友在北京工作，难得回去一次，她的父亲忙碌一上午。看着饭桌上摆着的全是朋友最喜欢吃的菜，红烧鲤鱼、翡翠虾仁、红烧狮子头，还有满满一碗看起来似乎不登大雅之堂的酸辣汤，这是朋友父亲特地向以前在食堂工作的老同事学的。

整个吃饭过程，朋友都是在不停地低头吃饭，而朋友的父亲只是偶尔动一下筷子，大部分时间就这样默默地看着朋友吃，当朋友抬起头无意间碰到她父亲的双眸，她父亲便立刻像慌了神的小孩，随意夹上一点菜，往嘴里塞去，接着就说："闺女慢点吃，不够再给你做。"

当朋友刚吃过饭，住在隔壁的王伯伯来叫她父亲去下象棋，父亲坚决地回绝了："不行，今天不行，我闺女回来了。"听到这儿，朋友留住了王伯伯，又让父亲电话通知了几个老棋友，一块儿到家里来下棋。

朋友安静地坐在父亲身边，看着他们下象棋。看见此情景，那些退休的叔叔阿姨们就开始表扬她了，直夸朋友的父亲有福气。朋友的父亲只是微微地笑，朋友一边看，一边和父亲东一搭西一搭地闲聊。

第七辑
幸福需要仪式感

"爸,最近股市不错,你买股票了吗?"

父亲皱起了眉,反问:"为什么要买股票?我已经很开心了,干吗还买?"

朋友父亲的话让朋友感觉惊讶,这是什么逻辑啊?

"爸爸,买不买股票,和开心有什么关系啊?"

"闺女呀,上天待每一个人都是很公平的,他在这里多给一点,就会在那里少给一点。你看,我有你这么乖的女儿,又那么孝顺我,我也不缺钱花,你过世的妈妈,在那边又保佑我身体一直健康,我还不够?老天给了我那么多,他还会再让我炒股大发?万一你爸爸我发财了,老天会不会把我别的东西收回去一点呢?"

父亲的一席话,让朋友惭愧得无地自容。

是的,如果我们不懂得好好珍惜手中的幸福,而妄自将心力投掷于不可预知的企盼,有朝一日,说不定真要将自己眼前的幸福推落至万劫不复的深渊呢。

4

幸福是自己的事情。

当代作家毕淑敏在20世纪80年代的时候就已经感悟到了。刚开始当卫生所所长和内科医生的她,在一个海外报道上看到了"几种世界上最幸福的人":刚刚给孩子洗完澡的妈妈,为自己病人治疗好目送病人远去的医生,沙滩上用沙子筑出沙堡的孩

仪式感，
让我们活得更高级

子，写完作品最后一个字的作家。

这四种"最幸福"当时都汇集在了毕淑敏一个人的身上，可那时的她也没怎么觉得幸福。于是她认识到，要想获得幸福，首先就得从改变自我开始。"发现你生活、生命中的幸福，让幸福充盈你自己的内心，然后去感染周围的人。"

追求幸福，发现幸福应该说是必要的一个步骤。人们只有在发现自己的幸福的时候，才能够有相应的行动，进一步去追求幸福。而这个过程又必须由追求幸福的人自己去完成，别人无法代替。

正所谓"知足常乐"。也许，幸福真的刚刚好就好。

当然，刚刚好的幸福并不是要人淡泊名利，与世无争，而是尽自己该尽的努力，获取自己能够和应该享有的成功和幸福，正如《不见不散》中的歌词所说那样："不必烦恼，是你的，想逃也逃不了，不必徒劳，不是你的，想得也想不到……"

知足常乐与不知足常乐，其实很难界定何时该知足，何时还不能知足，因此"乐"否也就难以确定。一件事情，尽力而为，得到的已是最终的结果，已无法再争取时，就该知足；如果，在完成后还能有所提升和进步，就不能一味沉浸在已得到的低层次的胜利中"乐"不思蜀，此时该懂得不知足，因为你的水还没装满……

幸福刚刚好就好，生命只有一次，可悲的是它不能重来，可喜的是它也不需要重来。

短暂的人生，无怨、无悔、无憾，就会幸福。

第七辑
幸福需要仪式感

任何不快乐的时光都是浪费

热爱生命的人没有不快乐的,人的一生极其短暂,如果有太多的不快乐,就是在浪费生命。因此,从现在开始就摒弃那些不必要的忧虑,养成快乐的习惯吧。

有了乐观的心态,看待一切事情,心情是愉快的,那些不快乐的事也因此快乐起来。快乐与不快乐是一种看问题的心态,存在于你的意念之中。

1

包希尔·戴尔是一位眼睛几乎失明的不幸女人,但是她的生活却不像我们想象的那样糟糕。因为她始终坚信,不论是谁,只要她来到了这个世界上,就是合理的。用她的话说,她相信有所谓的命运,但是她更相信快乐。因为她自己就是一个在厨房的洗碗槽里也能寻求到快乐的人。

包希尔·戴尔的眼睛处在几近失明状态很长时间了。她在自己所写的名为《我要看》的书中这样写道:"我只有一只眼睛,而且还被严重的外伤给遮住,仅仅在眼睛的左方留有一个小孔,所以每当我要看书的时候,我必须把书拿起来靠在脸上,并且用力

仪式感，
让我们活得更高级

扭转我的眼珠，从左方的洞孔向外看。"但是，她拒绝别人的同情，也不希望别人认为她与一般人有什么不一样。

当她还是一个孩子的时候，她想要和其他的小孩子一起玩踢石子的游戏，但是她的眼睛却看不到地上所画的标记，因此无法加入他们，于是，她就等到其他小孩子都回家去了之后，趴在他们玩耍的场地上，沿着地上所画的标记，用她的眼睛贴着它们看，并且，把场地上所有相关的事物都默记在心里，之后不久，她就变成踢石子游戏的高手了。她一般都是在家里读书的，首先，她先将书本拿去放大影印之后，再用手将它们拿到眼睛前面，并且几乎是贴到她的眼睛的距离，以致她的睫毛都碰到了书本，就是在这种情况下，她还获得了两个学位，一个是明尼苏达大学的美术学士，另一个是哥伦比亚大学的美术硕士。

到了1943年，她已52岁了，也就在那个时候发生了奇迹。她在一家诊所动了一次眼部手术，没想到却使她的眼睛能够看到比原先远40倍的距离。尤其是当她在厨房做事的时候，她发现，即使在洗碗槽内清洗碗碟，也会有令人心情激荡的情景出现。她又继续写道："我在洗碗的时候，我一面洗一面玩弄着白色绒毛似的肥皂水，我用手在里面搅动，然后用手捧起一堆细小的肥皂泡泡，把它们拿得高高的对着光看，在那些小小的泡泡里面，我看到了鲜艳夺目好似彩虹般的光彩。"

当她从洗碗槽上方的窗户向外看的时候，还看到了一群灰黑色的麻雀，正在下着大雪的空中飞翔。她发现自己在观赏肥皂泡泡与麻雀时的心情，是那么的愉快与忘我。

第七辑
幸福需要仪式感

因此,她在书中的结语中写道:"我轻声对自己说,亲爱的上帝,我们的天父,感谢你,非常非常感谢你!"

2

快乐的人也许不是最出色的,也不一定比其他人拥有更多的幸福,但他们却是掌握人生真谛的人。

一位郁郁不得志的诗人,在家门口的河边散步。望着平静的河水,他的心才稍稍好过一些。

夜幕降临后,河边的路灯亮起,朦胧中有一种别样的安宁。忽然,一阵悠扬的萨克斯声响起,是那首经典的《回家》。这旋律实在太美妙了,让人顿时静了下来,心里感到一阵愉悦。

诗人刚要驻足聆听,声音却戛然而止。

陌生的男子带着微笑走到了诗人面前,手里拿着一把萨克斯。夜色朦胧,可那抹灿烂的笑容,还是点亮了诗人眼前的世界。

诗人友好地打招呼:"您好,能与您相逢,是我的荣幸。"

陌生男子问道:"你我萍水相逢,何出此言?"

诗人说道:"我在你的音乐里,找到了我向往的人生。你的笑容也告诉我,你一定生活得很快乐,没有风霜的侵袭,没有忧愁的牵绊……"

"哈哈……你是作家吗?"诗人说话的方式,让陌生的男子感到有些不习惯。笑过之后,男子说道:"你错了,老兄!今天上午我才和妻子离了婚,就在刚刚,我又丢了钱包,里面有证件和钱,连

仪式感，
让我们活得更高级

公交卡也在其中。我正想着要怎么回家呢！"

诗人简直难以置信，瞪着眼睛问："那你怎么还有心情吹萨克斯？"

陌生男子摇摇头，说："为什么不能吹呢？为什么不享受这点快乐呢？我已经失去了那么多，若再愁眉苦脸，岂不是一无所有了吗？"

说罢，男子潇洒地离去，留下诗人独自在河边沉思。

3

散文大师张中行先生曾在《快乐》一文中说："快不快乐，完全是由自己的想法决定的。"

人生有太多的不确定因素，任何人都有可能会被突如其来的变化扰乱心情。与其随波逐流，不如有意识地调整自己的心情。许多时候，不是周围的事物打扰了你的快乐，而是你在纷乱的事物中，丢失了一份快乐的心。

其实，快乐就像是一颗种子，你允许它在心里生根发芽，它就会变成蒲公英，洒满你整座心房；快乐又像是天上的风筝，线在你手中，拉一拉它就会回来。只要学会去感受、去享受生活中每一处细微的美好，就可以活得轻松、洒脱。

第七辑
幸福需要仪式感

三个决定幸福的公式

也许多数人都不知道幸福究竟是什么。不少人以为,只要有钱,有好车,有大房子,就是幸福;但是有了钱,有了好车,有了大房子的人,却并不比其他人更幸福。

幸福的秘诀在哪里?

1

公式一:H=S+C+V(总幸福指数=先天的遗传素质+后天的环境+能主动控制的心理力量)

这个幸福公式是由美国心理学家塞利格曼提出来的。他告诉我们,幸福也是有指数的——总幸福指数是指你较为稳定的幸福感,而不是暂时的快乐和幸福。

看了一个喜剧电影,或者吃了一顿美食,这是暂时的快感,而幸福感是指令你感到持续幸福的、稳定的幸福感觉,它包括你对现实生活的总体满意度和你对自己生命质量的评价,是指你对自己生存状态的全面肯定。这个总体幸福取决于三个因素:一是个人先天的遗传素质,二是环境条件,三是你能控制的心理力量。

仪式感，
让我们活得更高级

幸福怎么能与先天的东西有联系呢？塞利格曼调查了22个平时具有抑郁心情但曾经中过彩票大奖的人。当中奖事件过去以后，他们很快又回到了从前的抑郁状态，又觉得不幸福了。但令人欣慰的是，如果一个天性乐观的人，所遇到的暂时性创伤事件对他的消极影响也是短暂的，不幸事件的几个月后，他又会回到从前的正常状态。可见，财富和成功不能永保幸福，乐天派的情绪才是稳定的。

有关后天的环境方面，塞利格曼研究发现：社交生活方面，最幸福的人有一个共同特点，就是具有丰富的社交生活。他们区别于一般人和不幸福的人的一个标志是，愿意与他人分享生活，而不是一个人独处；受教育程度、气候、种族和性别不影响幸福；财富，尤其是财富的增加，与幸福只有低相关；外表的吸引力也不会影响人的幸福感。

公式二：Felicidad（幸福指数）=P+5E+3N

在这个公式中：P代表人的性格、人生观以及适应能力和耐力；E则指人的健康、财富和友谊的稳定程度；N的含义就是人的自我评价，对生活抱有的期望值及其性情和欲望。

这个公式是英国几位心理学家走访了1000多人后得出的结论。参与这项研究的科恩说："多数人不知道幸福是什么。他们认为，只要有钱，有好车，有大房子，就是幸福。当这一切都变成现实后，人们却发现原来自己并不比其他人更开心。"

他指出："人应该学会积极享受生命，同时要弄清楚自己到底想要什么，以及用什么手段能达到这一目的，等等。"

公式三:幸福=效用/欲望

这个幸福公式是由美国经济学家保罗·萨缪尔森提出来的。从这个公式来看,获得幸福取决于两个因素的比例关系:效用与欲望。当欲望(分母)既定时,效用(分子)越大,越幸福;当效用(分子)既定时,欲望(分母)越小越幸福。

这个公式告诉我们,幸福感类似于满足感,它实际上是现实的生活状态与心理期望状态的一种比较,两者的落差越大,则幸福感越差。

2

现代研究幸福的心理学家认为,美好生活的实质因素是一个人热爱自己的生活。主观幸福感就是一个具体的指标,它包括愉快的情绪体验和自己对生活满意的评价。主观幸福感高代表两件事:一是愉快的情绪体验较多,不愉快的情绪体验较少;二是有较高的生活满意度。体验是一种主观的感受,所以,幸福感也叫作主观幸福感。

传统的幸福观对于幸福的理解较为简单,认为有钱能买到一切,肯定就能买到幸福,俗话说"有钱能使鬼推磨"。金钱崇拜成为一只看不见的手,左右着人的行为。

在一个物质相对匮乏的阶段,这种幸福观是有一定道理的,因为大多数人连生存的基本条件都尚未达到,无法享受衣食无忧的正常生活,不能体验拥有财富以后的相对自由和舒适。而当

仪式感，
让我们活得更高级

有了钱后，人们刚开始时会感觉到幸福，但随着社会的发展，人们发现单纯用金钱买不到幸福，甚至金钱对于幸福的作用十分有限。

第一个公式，侧重说明幸福掌握在我们手中，主动控制我们的心理力量；第二个公式，说明幸福的秘诀在于我们的精神世界，而不是物质生活；第三个公式，说明幸福的感觉来自于欲望的降低。

这三个公式看似简单，如果用数学的方式去分析，会发现很多有趣的现象，并可以解释很多主观幸福感的问题。

三个公式看似有些复杂，实际上却是告诉我们幸福很简单，不在于金钱和物质，不在于教育程度、性别、环境等因素，而在于心灵的自由与轻松。

3

曹莉是一名钟点工。有一天她看到一份报纸，里面在讨论有关"幸福"的话题，她很不以为然。

回到家，她无意中和丈夫老韩说起了这件事："那些作者都是有单位的，当然有闲情逸致去风花雪月。如果他们都像我一样，吃了上顿愁下顿，就不会说幸福触手可及了。"

没想到老韩竟然说人家那是懂得生活，还说曹莉整天把钱挂在嘴边，俗气。老韩曾是某机关的一个小干部，近知天命之年下岗，一无技术，二无资本，赋闲在家3年了。去年儿子上大学的

第七辑
幸福需要仪式感

学费还是曹莉找娘家人借的。他现在居然说曹莉俗气,她气不打一处来,讥讽道:"有本事,你给我钱呀,我也可以天天做美容,穿名牌衣服,你看我还俗不俗?"

老韩猛地站了起来,但又慢慢地坐了下去,脸色铁青,缓缓地说道:"像你这么说,那天下的穷人都不用结婚,不用过日子了,都该去死?"

老韩虽然是在说气话,但仔细想想也不无道理,曹莉觉得:"难道真是我太俗,我错了?幸福真像报纸上所说的那样,与金钱无关吗?"

后来曹莉把这个事情告诉同事郭玲,郭玲认为:"我的母亲卖菜,一天赚20块钱就乐呵呵,而一些有钱人一天赚几千、几万还是闷闷不乐。母亲的幸福是只要赚10块钱一家人就可以吃饱饭,如今赚了20块,开心和喜悦不言而喻。而款哥富姐们的幸福却是恨不得把所有的票子收入自己的腰包,有了房子想车子,有了车子想情人,而区区百万、千万在他们的眼里又算得了什么,永远不满足就永远得不到快乐。"

郭玲对曹莉说:"儿子考上大学是一种幸福,自己有一份钟点工的活能够贴补家用,这何尝不是一种幸福?又怎能单纯地用金钱来衡量呢?"

"我的邻居双双下岗,每月只靠几百元钱的低保生活。刚听到他们下岗消息的时候,我以为他们会愁眉苦脸。但是,每次我看到他们的时候,他们都是快乐的。那天中午,看见男邻居的脸上露着开心的笑,我就忍不住问他为什么这么开心。他说,他昨

仪式感，
让我们活得更高级

天跟老婆提了一下想吃凉拌土豆丝，结果老婆今天中午就做了又酸又辣的凉拌土豆丝，让他一次吃个够。听了邻居的话，我明白他们一家为什么每天都那么开心了。"

4

人的幸福感是很奇怪、很微妙的事。有了金钱，或者很多金钱，人可能会幸福，但未必肯定会幸福，甚至有可能很不幸福；贫穷是不幸的，但当事人如果能够接受现状，安贫若素，并从生活中找到快乐，充分享受每一个微小的快乐，则未必感觉不幸福。这与我们怎么认识生活、怎么对待金钱有关。

在现代社会，多数人的劳动收入都足以养活自己，已解决了基本生存问题，接下来就是看生活的质量怎么样，以及是否能够满足自己的愿望和目标。

真正的幸福，是不能描写的，它只能体会，体会越深就越难以描写，因为真正的幸福不是一些事实的汇集，而是一种状态的持续。

第八辑

有仪式感的人生，才能拥有更高级的美感

就像一位智者说的，你千万别想在麦当劳旁边的十字路口找到上帝。是啊，一个敷衍了事、平淡无趣的态度怎么能期待拥有一个趣意盎然的生活呢？

仪式感对于生活的意义就在于，用庄重认真的态度去对待生活里看似无趣的事情，不管别人如何，一本正经认认真真地把事情做好，才能真真正正发现生活的乐趣。

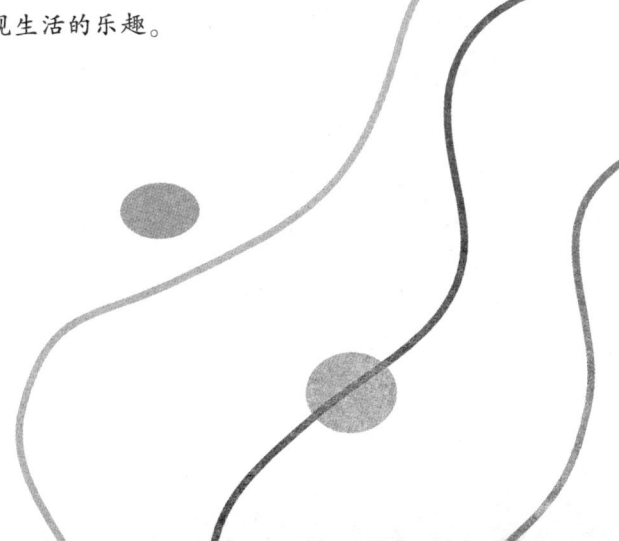

> 仪式感,
> 让我们活得更高级

希望,开在彼岸的曼珠沙华

希腊神话中,每个神都有自己的名字,还有着动人的传说,唯独掌控了希望的女神没有自己的名字。而在地狱的大门上,镌刻着这么一句话:入此门者,要放弃一切希望。

由此可见,希望是人类的灵魂。放弃希望,就是放弃灵魂,从此堕入冥府。

所以,希望是和灵魂一样,一直伴随在我们身边。

1

传说在很久很久以前,城市的边缘开满了大片大片的彼岸花,也就是曼珠沙华。守护彼岸花的是两个妖精,一个是花妖叫曼珠,一个是叶妖叫沙华。他们各自守候了几千年,却从来没有见过面,因为花开的时候,看不到叶子;而有叶子的时候,又看不到花。花叶生生相错,疯狂地想念着彼此,渴望终有一日能够相见。

终于有一天,花妖和叶妖因为敌不住思念与渴望的痛苦,决定违背神的规定偷偷地见一次面。

那一年的曼珠沙华红艳艳的花被惹眼的绿色衬托着,开得

第八辑
有仪式感的人生，才能拥有更高级的美感

格外鲜艳美丽。神怪罪下来，曼珠和沙华被打入轮回，并被诅咒永远也无法在一起，生生世世在人间受磨难。

从那以后，曼珠沙华就再也没有在城市出现过。它们只开放在黄泉路上，花的形状像一只只在向天堂祈祷的手掌，成为遥不可及的彼岸花。然而，曼珠和沙华从未放弃过希望，每一次转世在黄泉路上闻到彼岸花的香味，就使它们想起前世的自己，然后发誓不分开，再次跌入下一世的轮回。

2

那是在初中吧，上生物课，那位胖胖的女老师讲："发芽的土豆有毒，发了芽的部分吃不得。"这种知识不在考试范围内，谁也没有在意。

大家都没想到，下节生物课时他举手问："老师，我回家告诉奶奶，发了芽的土豆有毒，奶奶很生气，说她吃这样的土豆一辈子了，也没被毒死。发了芽的土豆真的有毒吗？"

同学们哄堂大笑。谁都知道，他很小的时候父母离异，各自组织了新的家庭，却谁也不肯要他。他跟着奶奶生活，一年四季就两件外套，棉袄里的棉花常常露出来。在这样的窘境中，有东西果腹就不错了，哪还顾得上其他！

同学们的笑，是他始料未及的，他感觉受到了侮辱。生物老师高声制止，并打着手势，但还是无法将笑声压下去。忽然间他很愤怒，握紧拳头，双目喷火，像一只恼怒的幼狮一样环顾四周。

仪式感，
让我们活得更高级

就在那一刻，他和她的目光相触，她或许是班上唯一一名没笑的同学吧。她看着他，目光沉静如水，温良而友好。他的愤怒瓦解了，脸一红，低下了头。

她是全班家境最好的女生，衣服永远那么洁净，扎一条摇来摇去的马尾辫，缀有两个红彤彤的圆球，既简洁又漂亮。

此后，他就很想跟她说话，但又不知说什么。终于，他想到了一个很笨也很巧的法子：跟她借墨水儿。他把钢笔插进她的墨水瓶，慢慢地吸，吸满，慢慢拿出来，用纸擦净钢笔，拧好瓶盖，将墨水瓶慢慢推给她。这个过程很快捷，又似乎很漫长，但无疑是个既尴尬又美好的过程。借了几次墨水后，再借，她变戏法似的拿出一瓶新买的墨水，笑盈盈地塞进他手里。他一愣，仿佛被烫了一下，还回墨水，转身逃掉了。

从此，他再也没跟她借过墨水，也再没跟她说过一句话。

她是优秀的，成绩总是遥遥领先，这让他生出几分莫名的压抑。好几次，奶奶说："退学吧，早点挣钱。"他一反惯常的顺从，倔强地说："不！"他宁肯放学回家干完活，在昏暗的灯光下熬夜写作业，或者在课堂上，用手按着咕咕乱叫的肚子也要努力听讲。

高考前，大家忙着填志愿表。他从她身边走过，目光迅速扫描一下她的表格，看到了"北京"二字。他回到座位，将表中所有的学校都填成北京的。实际上，他的学习成绩与家境与北京是不相宜的。

这件事让他想起来还后怕，好在他如愿以偿。更令人欣慰的是，她也考取了北京的另一所大学。

更艰难的日子在等着他。大学期间，他曾同时做五份家教，

第八辑
有仪式感的人生，才能拥有更高级的美感

常常疲惫不堪，曾经因极度饥饿在课堂上晕倒过，还因打工时间过长而影响学习，导致考试不及格而补考。每一次孤苦难耐的时候，他揪着头发问自己，这样做究竟是为什么？

他知道为什么，但他没有信心，甚至一直在希望中绝望。

直到那一次，他在大街上巧遇她。来北京之后，他从未主动找过她。她正和两个男生并排走着，一个男生帮她背包，另一个男生帮她拿矿泉水。她一脸的纯净，马尾辫骄傲而迷人地摇着。他和她同时站住，他看她，她也看他。她依旧目光如水，透着温良与友好。

那一刻，他听到了自己心碎的声音，并想起了多年前老师说过的话：发芽的土豆是有毒的。

是的，他就是一粒土豆，而且发芽了。这棵芽生长得异常吃力，叫作爱情，但它是有毒的。他的一生，似乎深陷到毒里了。

这一天他忽然发觉，这世上再也没有过不去的坎儿了。以后许许多多的日子里，他常常想起她，希望与绝望似乎变得淡了。他读完大学，接着是研究生和博士。她的情况他了如指掌：大学毕业后留在北京，跳槽两次，男朋友换了三个。

他被公派出国。出国之前，他鼓起勇气去找她。

她诧异不已：他看上去气宇轩昂，唯一没变的是他的眼神。他还是不敢正视她的眼睛，眼神里有莫名的慌乱。

他一点一点讲自己的故事，从发了芽的土豆开始。他一直被无望的爱情煎熬着，怎样身不由己，怎样挣扎，怎样极度的自卑。

她听着，慢慢地张大嘴巴。爱情是什么？爱情是鲜花，是咖啡，是海誓山盟。这些她都经历过，可又随风而逝。她对爱情失望

过,却从没想过土豆的那颗芽就是爱情的希望,它绝望地生长着,这粒希望的种子改变了他的人生。

她的眼里涌出泪水,他们轻轻相拥。相拥的瞬间,颤抖像雷击般滚过。他闭上眼睛,眼泪流下来,他仿佛看到一株土豆的茎和叶,在命运的风中摇曳……

执着的爱情可以是有毒的,也可以是人生的动力。

只要坚持着希望,就能够到达成功的彼岸。

3

弗洛伦斯·查德威克是第一个成功横渡英吉利海峡的女子。1952年7月4日,她从卡塔利娜岛下水,准备游到加利福尼亚州本土,想再创一项前无古人的纪录。但是,那天天冷,雾又大,她甚至不能看清楚跟随她的护卫船,在她身边,还不时有鲨鱼出没。一小时,两小时……在冷水里已经坚持游了将近16小时之后,她想上船了。在其中一艘护卫船上,坐着她的母亲和教练。母亲鼓励她再坚持一会儿:"你已经离岸边很近了,你能游完全程的!"但是,离岸究竟还有多远?弗洛伦斯看不到,放眼望去,只有浓雾。她被人拉上了护卫船。上船后,她才意识到,她其实离岸边只有不到1600米了!

第二天,在记者招待会上,她说:"我只看到一片浓雾,如果我能看到海岸,我相信我能坚持下来。"

"如果我能看到海岸……"不是疲劳,也不是冰冷的海水打败了她,而是大雾,是大雾使她看不到自己的目的地。

两个月后,弗洛伦斯再次下水。这次虽然还是大雾弥漫,但是,她心里有了明确的目标,她知道在浓雾后面,必定是海岸,是她的目的地,这次,她成功了!弗洛伦斯·查德威克成了第一个横游卡塔利娜海峡的女子,比男子记录还少两个小时!

——当希望,离你似乎遥不可及,你心灵的眼睛,千万要看到海岸。

大仲马在《基督山伯爵》里写道:"人类的全部智慧都包含在这两个词中:等待和希望……"

任何时候,只要我们不放弃希望,前面就一定会有更美好的事物在等待我们。

享受你迈出的每一步

人生就像一场旅行,不必在乎目的地,在乎的是沿途的风景,以及看风景的心情。

如果用心,在这场没有返程票的旅行中,我们遇到的每一个人、每一件事、每一朵花,都有可能成为一生中最难忘的风景——因为我们经历的一切,只会发生一次。只能在这浩淼的宇宙中出现一次的事物,怎么能说它不是一个伟大的奇迹呢!

仪式感,
让我们活得更高级

1

我有一个关系十分要好的朋友,在做生意之余,他经常像当年的海子那样"喂马,劈柴,周游世界"。并且他这个"周游世界",还真是走出了国门,游到了世界。凭着自己的广见博闻,在聚会上,他每每都是主角儿。

有一次,他讲了一个自己在法国经历的趣事。

那是他乘巴士在法国乡间旅行的时候,一次,汽车要在一个小镇上停留十分钟。在车上闲着没事儿,他便走进了巴士附近的一家小餐馆。

餐馆的装潢素朴、简洁,很有韵味,在陈列台上,摆着各式浓汤、沙拉以及咖啡、葡萄酒。法国的葡萄酒他早已喝过许多了,所以这次他想尝尝乡间的法式浓汤,便向老板点了一道。

"我们不卖汤。"

"什么?不卖汤?"他指着陈列台上的浓汤,疑惑不解地问。

"请原谅,先生。因为您是搭乘巴士的人,所以,我想您还是随便点个汉堡或三明治的好。不瞒您说,为了熬这汤,我可是花去了好几个小时,它的味道可是全法国最棒的!这么好的美味,您却只有几分钟时间来喝它,太可惜了!我绝不会让您糟蹋它的。"

他最终于没能喝到这美味的法式浓汤,很是遗憾。

我听完他的这个有点异域风情的故事,对那浓汤却不怎么感兴趣,倒是那餐馆的老板让我觉得很有意思。

第八辑
有仪式感的人生，才能拥有更高级的美感

我完全能理解餐馆老板的心思。在这位坚持不卖汤的老板看来，喝汤，应该是一件十分强调品尝过程的美事。汤中那丰富、细致的滋味，唯有慢慢体会，细细品尝才能充分领略到。

现在，越来越多的人渐渐变得只重视一件事的最终结果，而全然忽视那丰富的过程。但这样只看重结果的人生就像那个被我们在匆忙中咽下的三明治——毫无质地和内涵，而那美味浓汤的感觉，似乎早已随风而逝了。

其实，就好比我们一直渴望到达的山顶。但在登上顶峰之后只能走下坡路了。于是为了再次体验那种刺激的感觉，我们又马不停蹄地开始了新的征程，以登上一座更高的山……如此周而复始，往返不已。

在整个过程中，也许你体会到的只是漫长的艰辛中夹杂着短暂的快乐。因为我们忘了，山顶只是一个转瞬即逝的"点"，上山、下山才是真正漫长的"路"。人生的品质如何，在于奋斗的过程，而不是结果。

2

两个富翁闲来无事，正在打赌。

甲富翁说："假如我们让一个穷人搬进我那幢豪华别墅，突然过上荣华富贵的生活，你说他会有什么感觉？"

乙富翁说："哈哈，他肯定以为自己成仙上天堂了！"

"我却认为，他会觉得自己下了十八层地狱。"甲富翁语气肯

仪式感，
让我们活得更高级

定地说道。

"少胡说了！"

……

辩论来辩论去，他们谁也不能说服谁，于是他们决定用各自的一幢豪华别墅作为赌注，来"实证"一下这件事结果究竟会如何。

恰好这时，一个穷苦的老农经过这里。虽然他每天都很勤劳地耕作，日子却依然很清苦。老农每天都梦想着自己能够发财，然后过上富翁的生活。

自然，这个老农顺理成章地搬进了甲富翁的豪华别墅，开始了他的体验生活之旅。

住了不到半年时间，老农来找两个富翁了。

乙富翁微笑着问："看你红光满面的，神仙般的日子过得不错吧？"

"开始搬进那幢豪华别墅时，我以为突然走进了天堂，那是多么美好的日子呀！每天都有仆人伺候着，什么珍奇珠宝都有，吃的都是山珍海味……有兴致的时候，我就在那个美丽的后花园散步，困了，我就抱着金银珠宝一块儿睡觉！"

"后来呢？"甲富翁问道。

老农闻言，风和日丽的脸色立马阴沉了下来："哎，别提了！过了不到三个月，我突然感觉自己下了十八层地狱！"

"不是吧？"乙富翁有些不相信自己的耳朵。

"事情是这样的：有一天，我突然想到外面去逛逛，看看我的

第八辑
有仪式感的人生，才能拥有更高级的美感

邻居和地里的庄稼。可是仆人们告诉我，我可以在别墅里过富贵的生活，可以得到任何想要的东西，但唯一的条件就是不能走出别墅半步，否则，所有的荣华富贵都将成为天上的云。"

"哎，"老农重重叹了口气，"那时，我真的很矛盾。平静下来，我想，每天都吃美食，身边到处是珠宝，但是这些东西对我到底有什么真正的价值呢？难道我就这样过一辈子？"

"这样衣食无忧，不好吗？"乙富翁问道。

"你觉得一头被圈养的猪会过得好吗？"

故事中的农夫越想越痛苦，越想越觉得自己不能再过这种富贵、悠闲、无所事事的日子了。所以经过痛苦的挣扎，他决定还是要做一个种地的农夫。

3

瑞典文学家品特生于伦敦东部哈克尼的一个犹太家庭。

"二战"结束后，12岁的品特进入伦敦哈克尼区的小学学习，在那儿，他接触了戏剧表演，在学校舞台上扮演了麦克白、罗密欧等角色。这段童年的经历让他立志要献身戏剧事业。

品特常常幻想成为萧伯纳那样优秀的剧作家，一有空闲就读书并练习写剧本，虽然他心醉神痴、勤奋不懈，却进步甚微。甚至连他的母亲都觉得这可怜的孩子写的东西实在是拿不出手，完全没有文学创作的天赋。于是母亲对他说："孩子，写作这碗饭，不是你这样的孩子能吃的。"这极大地伤害了品特的自尊心。

仪式感，
让我们活得更高级

品特的父亲虽然是一个裁缝，但却比较尊重孩子的爱好。虽然他也认为儿子写的东西破绽百出，荒诞得无法理解，但他还是耐心地问品特："孩子，你为什么这么喜欢写作呢？"

品特操用稚嫩的童声说："我想成名，我想成为萧伯纳那样伟大的剧作家！"

听完儿子的远大抱负，父亲又问品特："那现在，你觉得自己过得快乐吗？"

"我当然非常快乐啦！我十分享受读书和写作的过程，虽然你们都不看好我，认为我不会成功。"

"孩子，你非常快乐并且享受着追求事业的过程，这说明你已经成功了！所以，你又何必非要成名呢？在我看来，快乐就是享受追求成功的整个过程。就比如我，虽然我只是一个普普通通的裁缝，没有人知道我，但是每当我给别人做衣服时，我就非常快乐。"

"那……那如果周围的人都不看好你呢？"

"你何必那么在乎别人怎么看你呢？"

"可是，如果每个人都批评我……"

"啊，是的，孩子。小孩总是照着大人们的意愿去做事，但大人们有时候也会犯错。孩子，成功只有一个，那就是按照自己的方式去度过人生。"

父亲的话对品特的触动很大，他终于明白，干自己喜欢的事，虽然不被人理解，有时候还会被亲人挖苦、嘲笑，但是只要内心充实，能够享受追求成功的过程，这就是一种成功。

睿智的人懂得活在这个世界上的意义，并不是拥有多少财

第八辑
有仪式感的人生，才能拥有更高级的美感

富或用这种财富过怎样奢侈的生活，而在于奋斗的过程中得到的那种充实和快乐。

健康需要仪式感

健康来源于我们生活中的点滴，点滴的生活，也是我们健康的仪式。

1

在我国的一个小山村中，有一个非常原始的小村落。这个村落也是远近闻名的长寿之乡。村中的人淳朴安静，每天都过着快乐的生活，又加上村子附近环境优美，景色宜人，因此这里被外人称作人间仙境。

这样的世外桃源其实并不陌生，在全国各地环境优雅的自然保护区内，都可以找到相似的村庄。但是随着社会的发展，这样的村庄这样的人群在不断地减少。

关于这个长寿村有这样一则评论：这个村落里的人之所以可以长寿是因为他们长期饮用的是山里的泉水，而这里的泉水含有丰富的矿物质，尤其是一些人体稀缺的稀有元素，当这些稀

仪式感,
让我们活得更高级

有元素得到补充,这些人才得以保持健康和长寿。在这个村庄里还流传着这样一个习惯,当村里人上山取水时都会结伴同行,并且在路上招呼更多的人一同前往。久而久之,上山取水的人不仅招呼自己村子的人,并且会在上山途中路过其他村子时叫上更多的同伴。后来,村子里山泉养生的消息被流传到城市中,越来越多城里人来到了村子,陪同村民一同上山取水,更多的城里人把这项活动当作了休假期间的必做之事,也有越来越多的人因此获得了健康。

后来经过专家考察鉴定,这里的泉水与其他地方的泉水没有太大区别,矿物质含量也近似相同,最大的特点是清洁。虽然泉水的传说被打破了,但是这并没影响到人们对爬山取水的热情,这一个周末上山取水的活动也被当地人扩展开来,越来越多的人开始携带同伴参与其中,当地人民的身体素质整体上升了一个档次。

无论最初山上的泉水是否真的具备养生的神奇疗效,但是它给了人们的健康愿望一个寄托。使得人们有了为健康奋斗的实质目标,因此这座山上的泉水被当地人称为健康之泉。

2

其实,在今日的社会中人们对健康的向往仍然保持着强烈的欲望。但是太多人正是因为缺乏一个实质的寄托而导致愿望永远无法化为行动。就像一个人整日对自己说,明早一定要进行

第八辑
有仪式感的人生，才能拥有更高级的美感

晨练，增强体质。但是第二天却仍旧无法摆脱对床的依赖。如果，当这个人看到自己的邻居或者好友开始晨练之时，便会有动力，愿意结伴前往。即便早晨无法及时起床也会在自己邻居或好友的督促中挣扎起来，从而实现健康的生活。

追求健康是每个人的权利，也是我们为之奋斗的理想。而追求健康必须从自身做起，我们要将追求转化为一种实际行动。有太多的人因为生活、工作的原因导致自己进入了一种不健康的状态，背弃了追求健康的初衷。需要改善的恰恰是这种生活状态，不要忽视生活中的细节，这些都是为了健康而奋斗的机会。

尽量增加自己的运动机会是保持我们健康的不错方法，放弃开车、坐公交，骑自行车或者步行上班，可以增加我们的运动量，可以代替每日的晨练。放弃坐电梯，徒步爬楼梯是日常中一项高强度的运动，长期坚持对我们的体力、体能都是一种强劲的提升。

放缓工作节奏，久坐的工作坚持每两小时起来走一走，可以缓解我们的精神和眼部的疲劳，使我们精力充沛，工作更有效率。饭后进行短时间的散步有助于消化，还可以调节身体的各项机能，让我们远离疾病。

这些都是我们追求健康的方式与细节，都是我们应该为健康付出的仪式感。

仪式感，
让我们活得更高级

3

现代化的社会，人性中的懒惰被无限扩大。虽然其中有很多被动因素，例如工作繁忙，运动时间已经被休息占用。或者受工作条件限制，无法每天运动。这些都是正在摧毁人体健康的主要原因。针对这种情况，我们必须改善这种懒惰心理，从生活的点滴中学会，为了自己的健康而奋斗，为了他人的健康而奋斗。

很多人不明白，在忙碌紧凑的生活中追求自己的健康已经是一种挑战了，为何还要追求他人的健康呢，我们又如何做到使得他人健康呢？

其实很简单，在我们健康的同时，把健康经验分享给他人就是一种追求他人健康的行为。也许他们并不是很能接受，但是他们一定会有所感受。

第一次我们约人一同晨练跑步之时，也许他会拒绝，但是当他看到我们身体状况有了明显改善，而这种改善却来源于一些简单的生活细节之时，他会转变原有的观念，从而走向接受。当自己与朋友有了共同的目标之后，对自己也是一种监督。

任何人都有懒惰的时候，当自己情绪不佳而打破健康的生活节奏时，拥有相同健康生活方式的朋友则可以纠正我们的错误，从而令追求健康成为一种共同仪式感。

第八辑
有仪式感的人生，才能拥有更高级的美感

你需要的不多，但想要的太多

在生活中，当我们遇到"鱼和熊掌"不可兼得的情况，或被无穷无尽的欲望所累时，不如暂时忍痛割爱，放下一些贪念，这不是逃避、不是懦弱，而是明智的选择，只有如此才能开始崭新的历程。

1

游牧民族的孩子从小都要学习牧羊和打猎，看到丰茂的森林草地，全族的青壮年男子就要冲进去寻找猎物。一个孩子刚刚学会骑马，在叔叔的带领下学习打猎，想要一展身手。

小孩子爱玩，心态又浮躁，看到兔子就想追兔子。正在追兔子时，旁边蹿出一只鹿，他又想追那只肥大的鹿。这时一只野鸡从头上飞过去，他又想弯弓射箭打下野鸡。孩子就这样看到什么想打下什么，结果一个都没打到，回头想找一开始看到的那个，可动物们早跑没影了，忙了一天，他两手空空。

叔叔告诉他说："我第一次打猎和你一样，看见什么想打什么，其实一次只能射一箭，得到一只猎物就是收获，为什么要贪心？只有戒掉这个毛病，你才能成为一个优秀的猎手。"

仪式感，
让我们活得更高级

孩子初学打猎难免三心二意，什么都想抓的结果是什么都没得到，白白浪费力气。长辈以自身经验告诫孩子：想要做一个优秀的猎手，先要学会不贪心，一心一意地抓紧眼前的目标。打猎如此，做任何事都是一样，目标一旦堆积，就会造成视觉和心理上的双重障碍，只有头脑清醒的人才会从一开始就盯准一个，抓到手再着手下一个。

2

俗话说，一个人不能同时追赶两只兔子。如果一只兔子朝东，一只兔子朝西，这个人只能留在原地踏步，一无所获。如果兔子再多一点，这个人恐怕连怎么抓兔子都忘了，光顾着想究竟追哪只，成为一个彻头彻尾的空想家。大千世界，机会无处不在，诱惑无时不有，如果不能认定一个，而是四面出击，不论是精力还是头脑都会不够用。

先贤孟子曾说过："鱼，我所欲也，熊掌，亦我所欲也，两者不可得兼。"就是说在人生旅途中，我们经常会遭遇到许多两难的问题。选择就意味着要放弃其中一样，可是，有时我们所面对的并非西瓜和芝麻这样简单的选择，它有可能是两种你同样喜爱，都想得到的东西，让你两样都难抛下。

这时，你该如何去做呢？问题的关键所在，就是要认清真正需要什么，哪一种对我们更重要，这样才能找到前进的方向。方向找对了，选择也就相对容易了。

第八辑
有仪式感的人生，才能拥有更高级的美感

3

慧远禅师年轻时喜欢云游四海。有一次，他遇到一位嗜好吸烟的行人。两人一起走了很长一段山路，然后坐在河边休息，行人给了慧远禅师一袋烟，慧远高兴地接受了行人的馈赠。两人一边抽烟，一边聊天，谈得十分投机，分别前，行人又送给慧远一根烟管和一些烟草。

待行人走远，慧远突然想道："烟草这种东西令人十分舒服，肯定会干扰我的禅定，时间长了一定难以改掉，还是趁早戒掉为好。"于是，他随手一挥，把烟管和烟草全部扔掉了。

几年后，慧远迷上了《易经》。那年冬天，天寒地冻，他写信给自己的老师要求给他寄一件棉衣。但是信寄出去很久，冬天已经过去，山上的雪都开始化了，棉衣还是没有寄来，送信的人也没有任何音信。于是，慧远现学现卖，用《易经》为自己卜了一卦，结果显示那封信并没有送到老师那里。他心想：易经占卜固然准确，但如果我沉迷此道，怎么能够全心全意地参禅呢？从此，他再也没有接触易经之术。

之后，慧远又迷上了书法。他每天钻研，居然小有成就，有几个书法家也对他的书法赞不绝口。但慧远转念想道："我又偏离自己的正道了。再这样下去，我可能成为一个书法家，但永远也成不了禅师。"于是，他再次收束心性，一心参禅，远离一切和禅无关的东西，终成一代宗师。

仪式感,
让我们活得更高级

4

俗话说,人心不足蛇吞象,这是关于贪心的一个形象比喻。一条蛇想要吞下一头大象,就像我们每天面对外部世界的诱惑,什么都想得到,偏偏我们精力有限,金钱有限,如果一味去追求,有可能让自己累倒在半路。就算有一座金山摆在眼前,我们能拿的,也只是自己拿得动的那一部分,不然不是在半路晕倒,就是在金山里饿死。不得不承认,以我们有限的生命和能力,追求不了那么多的东西,承担不了那么重的负担。

既然一个人的能力决定了他能获得什么,努力程度决定他能获得多少,贪心就成了一种自我折磨。就像小时候我们吃着糖果,如果总是想着没吃到的饼干,或者想着明天吃的蛋糕,目标太多,就会造成心理上的混淆,最后吃到嘴里的都不香甜。还有的时候,我们顾此失彼,不看自己手里的这个,而是紧盯着别人手里的,最后两边落空,自己难过。不如简单一点,专一一点,把握住自己眼前的东西,因为抓得住的永远比抓不住的重要,自己手里的总比别人手里的安全。

人生的道路也是如此,很多时候,我们不止有一个选择,哪个方向都有自己想要的东西,哪个方向都是一种诱惑,我们必须下定决心选择一个,才能用最短的时间到达目的地。选择也需要智慧,我们选择的地方不应该是虚幻的海市蜃楼,而是那些我们的目光也许不能到达,但相信自己有足够能力到达

第八辑
有仪式感的人生,才能拥有更高级的美感

的地方。一个人不能追逐两个理想,任何时候,专一的人比左顾右盼的人拥有更多把握成功的时间和机遇。

人生没有彩排,请在此刻尽情绽放

时间就是生命,时间不是用来等待,而是用来穿越,用来行动的。如果你没有一个好的开始,不妨试试一个坏的开始吧。因为一个坏的开始,总比没有开始强。而完美的开始,则永远都不会来到。如果说一个好的开始等于成功的一半,那么坏的开始至少等于成功的1/3,与其在等待中枯萎,不如在行动中绽放。人生没有等待中的美丽,只有走出来的辉煌!

1

生活中,不乏这样的人:他们躺在床上想象着自己多么成功,未来取得了多么伟大的成就。这些人只知道想象,却从来不知道把这种想象付诸行动。要知道,任何一个有成就的人,都有勇于尝试的经历。因为尝试就是探索,如果没有探索也就没有创新,而没有创新就不可能会有成就。所以,一个整天处于想象中的人,是不会有绚烂精彩的人生的。即便有,那也只是在自己的

仪式感，
让我们活得更高级

梦里。

三个旅行者徒步穿越喜马拉雅山，他们一边走一边谈论一堂励志课上讲到的凡事必须付诸实践的重要性。他们谈得津津有味，以至于没有意识到天太晚了，等到饥饿时，才发现仅有的食物就是一块面包。

这几位旅行者，决定不讨论谁该吃这块面包，他们要把这个问题交给老天来决定。这个晚上，他们在祈祷声中入睡，希望老天能发一个信号过来，指示谁能享用这份食物。

第二天早晨，三个人在太阳升起时醒来，又在一起谈开了。

"我做了一个梦，"第一个旅行者说，"梦中我到了一个从未去过的地方，享受了有生以来我一直孜孜以求而从未得到的平静与和谐。在那个乐园里面，一个长着长长胡须的智者对我说：'你是我选择的人，你从不追求快乐，总是否定一切，为了证明我对你的支持，我想让你去品尝这块面包。'"

"真奇怪!"第二个旅行者说，"在我的梦里，我看到了自己神圣的过去和光辉的未来。当我凝视这即将到来的美好时，一个智者出现在我面前，说：'你比你的朋友更需要食物，因为你要领导许多人，需要力量和能量。'"

然后，第三个旅行者说："在我的梦里，我什么都没有看见，哪儿也没有去，也没有看见智者。但是，在夜晚的某个时候，我突然醒来，吃掉了这块面包。"

其他两位听后非常愤怒："为什么你在做出这项自私的决定时，不叫醒我们呢？"

第八辑
有仪式感的人生，才能拥有更高级的美感

"我怎么能做到？你们俩都走了那么远，找到了大师，又发现了如此神圣的东西。昨天我们还在讨论励志课上学到的要采取行动的重要性呢。只是对我来说，老天的行动太快了，在我饿得要死时及时叫醒了我！"

2

生活中，每一个成功者都有这样三个共同的特点：一是敢想，二是敢做，三是能做。敢想并不是指天马行空地乱想，而是要根据现实的情况，给自己定下一个明确的目标；敢做也不是指违法乱纪，不择手段，而是指一种坚持、执着的态度，不达目的不罢休的韧劲；而能做则是指只要愿意，就努力地前进。

安东尼·吉娜是目前纽约百老汇中最年轻、最负盛名的演员之一，她曾在美国著名的脱口秀节目《快乐说》中讲述了她的成功之路。

几年前，吉娜是大学里艺术团的歌剧演员。那时她就向人们展示了一个璀璨的梦想：大学毕业后先去欧洲旅游一年，然后要在百老汇成为一位优秀的主角。

第二天，吉娜的心理学老师找到她，尖锐地问了一句："你旅行结束后去百老汇跟毕业后就去有什么差别？"吉娜仔细一想："是呀，赴欧旅游并不能帮我争取到百老汇的工作机会。"于是，吉娜决定一年以后就去百老汇闯荡。

这时，老师又冷不丁儿地问她："你现在去跟一年以后去有

仪式感，
让我们活得更高级

什么不同？"吉娜有些晕眩了，想想那个金碧辉煌的舞台和那只在睡梦中萦绕不绝的红舞鞋，她情不自禁地说："好，给我一个星期的时间准备一下，我就出发。"老师却步步紧逼："所有的生活用品在百老汇都能买到，为什么非要等到下星期动身呢？"

吉娜终于说："好，我明天就去。"老师赞许地点点头，说："我马上帮你订明天的机票。"

第二天，吉娜就飞赴全世界的艺术殿堂——纽约百老汇。当时，百老汇的制片人正在酝酿一部经典剧目，几百名各国演员前去应征主角。按当时的应征步骤，是先挑选出十来个候选人，然后让他们按剧本的要求表演一段主角的念白。这意味着要经过百里挑一的艰苦角逐。

吉娜到了纽约后，并没有急于去美发店漂染头发和买服饰，而是费尽周折从一个化妆师手里拿到了将排的剧本。这以后的两天中，吉娜闭门苦读，悄悄演练。初试那天，当其他应征者都按常规介绍着自己的表演经历时，吉娜却要求现场表演那个剧目的念白，最终以精心的准备出奇制胜。

就这样，吉娜来到纽约的第三天，就顺利地进入了百老汇，穿上了她演艺生涯中的第一只红舞鞋。

有人说过这样一句话："勇于尝试，那么在某件事上栽跟头可能是预料之中的事；但是，从来没有听说过，任何坐着不动的人会被绊倒。"诚然，敢想敢做的人，必然会经历一些挫折，但是那些没有勇气去将自己的所想付诸行动的人，永远都体会不到打拼过程中的乐趣。要知道，受到一定程度的挫折也

第八辑
有仪式感的人生，才能拥有更高级的美感

是一笔宝贵的财富。因此，要想取得成功，那就需要把自己的所想付诸行动。

3

很多时候，我们在做某件事之前，喜欢用一堆理论来分析，但事实上理论并没有多少实际的参考价值，最后还是靠结果说话，还是要靠数据说话，这样才能够给你最真实的答案。那么，如何才能得到想要的结果呢？那就是亲自去做、去实践。通用公司总裁杰克·韦尔奇说："口头上的议论并没有多少实际意义，在衡量某个计划是否可行时，最简单的方法是去做这件事。"

哥伦布在求学期间曾经读到过一本毕达哥拉斯的著作，在这本书中，毕达哥拉斯说："地球是圆的。"哥伦布深深地记住了这句话。

经过很长时间的思考之后，哥伦布觉得地球如果是圆的，那么他通过向西航行也可以到达印度。很多有"常识"的哲学家和大学教授都嘲笑他的幼稚想法，他们告诉他："地球不是圆的，是平的"。进而警告他，如果他一直向西航行，他的船只将行驶到地球边缘而掉下去。

然而，哥伦布却对大学教授和哲学家们的警告不以为然，依然非常自信。可惜的是，他家境贫困，没有钱去实现自己这个冒险的想法。他不得不到其他人那里寻求经济支持，

仪式感，
让我们活得更高级

但他一连等了17年都没有人愿意帮助他。他决定不再等下去，于是起程去见西班牙女王伊莎贝拉，沿途穷得竟以乞讨为生。女王赞赏他的理想，并答应赐给他船只，让他去从事这项冒险的事业。但是，水手们都怕死，没人愿意跟随他，于是哥伦布鼓起勇气跑到海滨，拉住了几位水手，先向他们哀求，接着是劝告，最后又用恫吓手段逼迫他们跟随自己出海。然后他又请求女王释放了狱中的死囚，允许他们在冒险成功后，可以恢复自由。

1492年8月，当把一切都准备妥当后，哥伦布率领3艘帆船，开始了一次划时代的航行。

不料出师不利，刚航行几天，他们的船队之中就有两艘船漏了，接着船队又在几百平方千米的海藻中陷入了进退两难的险境。没有办法，哥伦布亲自下水拨开海藻，船队才得以继续航行。他们在浩瀚无垠的大西洋中航行了六七十天，也不见大陆的踪影，水手们都绝望了，他们要求返航，否则就要把哥伦布杀死。哥伦布兼用鼓励和高压的手段，才算说服了船员。在继续前进的过程中，哥伦布忽然看见有一群飞鸟向西南方向飞去，他立即命令船队改变航向，紧跟这群飞鸟。因为他知道海鸟总是飞向有食物和适于它们生存的地方，所以他预料到附近可能有陆地。几天之后，哥伦布果然发现了美洲新大陆。

如果哥伦布一直等待下去，很可能一生都不会出发。毅然上路的哥伦布最终成了英雄，从美洲带回了大量黄金珠

第八辑
有仪式感的人生，才能拥有更高级的美感

宝，并得到了国王的奖赏，以新大陆的发现者名垂千古，这一切都是行动的结果。

当我们对生活有所期待的时候，就要懂得去践行自己的想法，只有去做了才能知道结果会怎样，如果一直都认为自己做不到，就永远也找不到最终的答案。我们常常说实践出真知，一件事情是否可行，会产生怎样的结果，仅仅依靠猜测是不行的，它们需要在实践中去验证，只有自己去做了，才会了解一切。